"十四五"新工科应用型教材建设项目成果

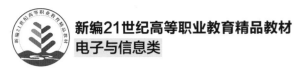

新编21世纪高等职业教育精品教材
电子与信息类

After Effects
特效制作

主 编◎许艳凰 黄 晨 赵 艳

中国人民大学出版社
·北京·

编 委 会

PREFACE 前言

　　党的二十大报告指出，教育、科技、人才是全面建设社会主义现代化国家的基础性、战略性支撑。教育是国之大计、党之大计。职业教育是我国教育体系的重要组成部分，肩负着"为党育人、为国育才"的神圣使命。本教材以习近平新时代中国特色社会主义思想为指导，深入贯彻落实党的二十大精神，将思想道德建设、中华优秀传统文化弘扬与专业素质培养融为一体，着力培养爱党爱国、敬业奉献、德艺双馨的高素质技术技能人才。

　　本教材是福建省职业教育在线精品课程"After Effects 特效制作"的配套教材，课程经过几年的运行已取得良好的效果。同时，课程又是超星的示范教学包，至今已有全国各地 60 多所职业院校的师生使用，这证明了课程设计的普适性。教材中的分层次案例将使用云教材形式，可以根据课程的不断更新将行业和企业的新技术、新工艺、新规范纳入教材。

　　本教材以学生在学习、工作中经常遇到的情景为依据进行项目编写，融入课程思政元素，使学生在学习过程中有代入感，能解决日常学习、生活和工作中遇到的问题，在提高学生专业能力的同时，潜移默化地培养学生的职业素养。

　　为适应中高职衔接需求，满足不同层次学生的学习需求，根据影视后期制作、UI 动效设计、广告设计等相关岗位职业能力要求和 After Effects（简称 AE）视频编辑专项职业能力考核内容，以 After Effects 特效制作为课程内容，基于不同岗位对 AE 所需知识点的共性与差异性、中高职课程学习内容的层次性，对教材中的教学内容进行了模块化、分层次的设计，将模块分为基础篇、进阶篇、提高篇、深化篇，有效将"岗课赛证"融为一体。其中，模块一"AE 基础篇"集中了各职业都需要用到的知识点，配套精品微课对基础知识进行讲解，用云教材方式提供实训素材进行习题讲解；模块二"AE 进阶篇"、模块三"AE 提高篇"、模块四"AE 深化篇"按职业技能点的难易程度，对课程内容进行归纳和整理。附录一"选学案例"根据不同的岗位选取工作案例,邀请行业企业一线人员进行讲解;附录二"学长学姐有话说"结合与课程相关的赛事,选取学生参赛获奖案例,以学生的视角分享课程相关知识点与参赛得失。附录一和附录二的内容配备线上精品课程,课程内容动态更新,可供师生作为案例备用。

每个项目分若干任务,以如下结构进行编写:学习目标、情境导入、工作任务、知识储备、任务实施(实施条件、实施步骤)、任务评价(包括知识、能力评价与课程思政评价)、课后拓展、练习提高、学习笔记。各部分目标明确,有利于学生的学习和多样化评价。

每一个项目都设置了不同难度的案例,并为学生提供必做和选做内容,既可以补齐学生的学习短板,又可以满足不同层次学生的学习需求。这种以学生为中心的教学方式更具职业教育分层特色,学生掌握知识和技能也更加扎实。

本教材采用新型活页式、工作手册式编排方式,方便使用的师生对课程学习内容进行灵活的组织。

本教材主编为许艳凰(漳州城市职业学院)、黄晨(陕西国防工业职业技术学院)、赵艳(厦门城市职业学院);副主编为王雪茹(泉州海洋职业学院)、谢少波(福建宇兴网络科技有限公司)、陈虹(漳州高新职业技术学校)、王其棣(漳州城市职业学院)、吴建丹(无锡工艺职业技术学院)、王荣(云南国土资源职业学院)、王思梦(无锡职业技术学院)、周磊(襄阳汽车职业技术学院)、田君熙(陕西财经职业技术学院)、李强(河北软件职业技术学院)、吴锐(聊城职业技术学院)、刘红豆(江苏经贸职业技术学院)、许陈哲(江苏工程职业技术学院);参编为徐明炜(漳州职业技术学院)、冼浪(茂名职业技术学院)、孙磊(北京电子科技职业技术学院)、徐行(苏州工艺美术职业技术学院)、宋傅琳(聊城职业学院)、林楠(惠州工程职业学院)、霍爽(承德应用技术职业学院)、陈俊浩(永康市职业技术学校)、周震宇(山西林业职业技术学院)、柴颖(山西省运城市永济市职业中专学校)、戚明明(松原职业技术学院)、曹欣悦(武汉职业技术学院)。

本教材在编写过程中,得到了使用本课程进行教学实践的职业院校师生的宝贵意见。感谢为本教材提供案例的李鹏、苏文杰老师和何斌杰、黄诗意、王杰等同学。

由于编者水平有限,书中难免有疏漏之处,恳请广大读者批评指正。

编者

目录

模块三　AE 提高篇

模块四　AE 深化篇

模块一

AE 基础篇

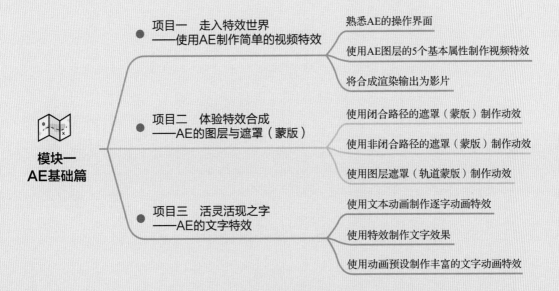

模块一
AE基础篇

项目一　走入特效世界
　　——使用AE制作简单的视频特效

熟悉AE的操作界面

使用AE图层的5个基本属性制作视频特效

将合成渲染输出为影片

项目二　体验特效合成
　　——AE的图层与遮罩（蒙版）

使用闭合路径的遮罩（蒙版）制作动效

使用非闭合路径的遮罩（蒙版）制作动效

使用图层遮罩（轨道蒙版）制作动效

项目三　活灵活现之字
　　——AE的文字特效

使用文本动画制作逐字动画特效

使用特效制作文字效果

使用动画预设制作丰富的文字动画特效

项目一　走入特效世界——使用 AE 制作简单的视频特效

学习目标

知识目标：掌握影视后期合成的基本概念和相关知识。

能力目标：灵活操作 AE 的界面，学会新建合成、导入素材，并使用 AE 图层的 5 个基本属性完成简单的动画制作，能按照需要将做好的动画输出为相应的格式。

素质目标：打下扎实的专业基础，养成良好的操作习惯，同时做一个关心时事的新时代青年。

情境导入

东东接到班级通知，需要完成一个关于"学习党的二十大精神"班会的视频片头。通过向学长请教，他了解到 AE 这款软件在制作影视动画方面具有强大的功能，于是，他从软件安装开始，着手学习 AE 基本操作。

工作任务

熟悉 AE 界面的操作，使用 AE 图层的 5 个基本属性完成"学习党的二十大精神"班会视频片头的简单特效，并输出该片头。片头效果规划见表 1-1-1。

表 1-1-1　"学习党的二十大精神"班会视频片头的效果规划

素材	动画与使用的图层属性		备注
背景太阳	1. 光芒旋转（旋转）	2. 由无到有（不透明度）	太阳需要移动到靠下的位置
长城	1. 由无到有（不透明度）	2. 从下往上运动（位置）	
标语	1. 从上往下运动（位置）	2. 由无到有（不透明度）	
麦穗	1. 从小到大（缩放）	2. 向两边打开（旋转）	麦穗在做缩放动作前，要将锚点移动到麦穗根部
说明：动画 1 为必做内容；动画 2 为使动画效果更丰富更完善，有能力的同学可选做			

影视后期合成的基本概念

一、人眼视网膜的视觉暂留现象

影视后期合成的
基本概念和相关
知识

在书上的每一页画上一系列连续的静止画面，然后快速翻动书页就能看到连续的动画。视频播放也是应用了同样的原理，即利用人眼视网膜的视觉暂留现象，通过一秒钟播放若干张静止的画面，从而让眼睛看到一串连续的动作视频。

二、帧

动画中的单幅影像画面，相当于电影胶片上的每一格镜头。每一张静止的画面，在AE 软件里称为帧。

三、帧频

帧频也称帧速率，在图像领域中的定义是画面每秒传输帧数（Frame pre Second，FPS），通俗来讲就是指动画或视频每秒播放的画面数。每秒钟帧数越多，所显示的动作就会越流畅。

四、画面分辨率

电视或电脑上播放的视频其实是由许多小矩形像素点构成的。画面分辨率是指画面是由横向多少个像素、纵向多少个像素构成的。例如，高清数字电视的画面分辨率是1280 像素 ×720 像素，全高清画面分辨率是 1920 像素 ×1080 像素，超高清 4k 院线画面分辨率是 4096 像素 ×2160 像素，4k 电视机显示屏画面分辨率是 3840 像素 ×2160 像素，8k 电视画面分辨率为 7680 像素 ×4320 像素。

AE 任务一　熟悉 AE 的操作界面

一、实施条件

（1）使用电脑安装相应版本的 AE 软件；
（2）准备好相应的素材文件。

二、实施步骤

AE 软件
与基本界面

1. 打开欢迎界面
打开 AE 后，默认会弹出欢迎界面。不同版本的欢迎界面略有不同，新版本采用简约化模式，主要包括新建项目、打开项目、最近使用项和搜索项，如图 1 - 1 - 1 所示。

图 1 - 1 - 1　AE 的欢迎界面

2. 打开 AE 主界面

单击欢迎界面的"新建项目"后，进入如图 1 - 1 - 2 所示的 AE 默认主界面。界面模式显示 5 个，可根据需要选择适用的界面模式，更多的界面模式单击 >> 按钮进行下拉选择。各窗口可以随意拖动、任意组合，如果不小心关闭了窗口，可以在菜单栏的"窗口"下拉菜单里找到相应的窗口。

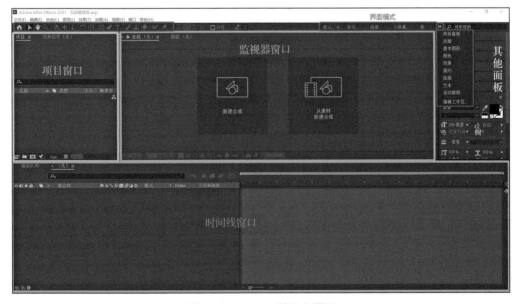

图 1 - 1 - 2　AE 默认主界面

选做提高

将 AE 各窗口进行拖动组合，最后只留下项目窗口、合成监视器窗口（简称合成监视窗）、工具栏、预览窗口、时间线窗口，如图 1-1-3 所示。

图 1-1-3　AE 窗口组合练习

AE 任务二　使用 AE 图层的 5 个基本属性制作视频特效

一、实施条件

（1）使用电脑安装相应版本的 AE 软件；
（2）准备好相应的素材文件（太阳 .jpg、长城 .png、标语 .png、麦穗 .png）。

二、实施步骤

1. 新建合成

AE 制作简单的
视频特效

单击项目窗口下方"新建合成"按钮 （快捷键 Ctrl+N），将弹出"合成设置"对话框，如图 1-1-4 所示。在"合成名称"中输入"学习党的二十大精神班会"，在"预设"中选择高清画面"HDV/HDTV 720 25"，在"持续时间"中输入 1000。

小贴士

时间码从右往左数起，每两位数是一个单位，最右边两位数表示"帧"，往左两位表示"秒"，再往左两位表示"分"，最左边表示"时"。在"持续时间"中输入 1000，则代表持续时间为 10 秒。

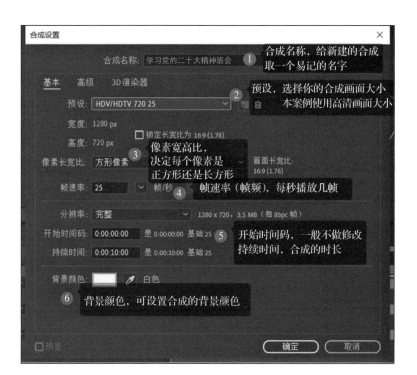

图 1-1-4 "合成设置"对话框

2.导入素材

在项目窗口空白处双击导入素材（快捷键 Ctrl+I），这时会弹出"导入文件"对话框，用鼠标框选所需要的素材，单击"导入"按钮导入素材，如图 1-1-5 所示。如果只需要 1 个素材，就直接双击素材进行导入；如果要跳选素材，按住 Ctrl 键的同时鼠标单击选择素材；如果是连续的素材，按住 Shift 键的同时鼠标单击选择素材；最后单击"导入"按钮。对于多导入的素材，可在选中多余素材后单击项目窗口右下角的"垃圾桶"按钮📖（快捷键 Delete 或 Backspace）。

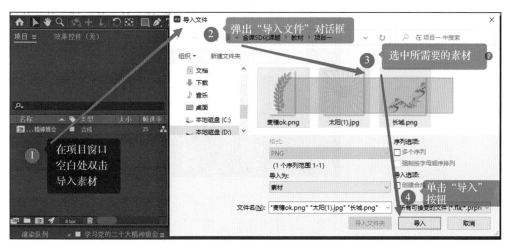

图 1-1-5 AE 导入素材步骤示意图

3.使用素材制作简单动画

（1）制作背景太阳放光芒效果。

将"太阳"素材拖入时间线窗口，并将其命名为"背景太阳"，如图1-1-6所示。单击该图层左边的 ，将展开图层的5个基本属性，分别是锚点、位置、缩放、旋转、不透明度，如图1-1-7所示。

图1-1-6 "背景太阳"图层　　　　图1-1-7 "背景太阳"图层的基本属性

将太阳中心移动到画面下边缘，如图1-1-8所示。

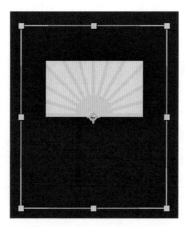

图1-1-8 "背景太阳"图层在合成画面中的位置

将播放头 移动到第0秒位置，打开"背景太阳"图层的旋转属性（R），将旋转属性前面的时间变化秒表开关打开。这时，在时间线上第0秒位置出现了一个关键帧，如图1-1-9所示。

图 1 - 1 - 9 "背景太阳"图层关键帧设置示意图

将播放头移动到第 8 秒位置，将"背景太阳"图层的旋转属性值改为 0+180°，这时，在时间线上第 8 秒位置出现了一个关键帧。然后，按小键盘上的"0"键或者空格键进行动画预览。

选做提高

> 为了使画面动效更丰富，尝试设置淡入效果。
> 将第 0 秒的不透明度属性值改为 0%，第 2 秒的不透明度属性值改为 100%。

（2）制作长城淡入效果。

将素材拖入时间线窗口，放于"背景太阳"图层之上，建立"长城"图层。选中"长城"图层，按快捷键 T，展开不透明度属性。将播放头移动到第 0 秒位置，打开不透明度属性的时间变化秒表，并设置不透明度值为 0；将播放头移动到第 2 秒位置，将"长城"图层的不透明度属性值改为 70%。最后，在 AE 默认主界面右侧的预览窗口中单击"播放"按钮▶，如图 1 - 1 - 10 所示，预览长城的淡入效果。

图 1 - 1 - 10 预览窗口

选做提高

> 为了使画面动效更丰富，尝试做"长城"图层位置属性的变化。
> 在第 2 秒位置设置关键帧，不改变其数值；在第 0 秒位置设置关键帧，将长城的位置稍微往下移动；最后，预览动画。
> 思考：为什么要先做第 2 秒的关键帧，再做第 0 秒的关键帧？这样有什么好处？

（3）制作标语下移效果。

将标语素材拖入时间线窗口，放于"长城"图层之上，建立"标语"图层。选中"标语"图层，按快捷键 P，展开位置属性。将播放头移动到第 2 秒位置，打开位移属性的时间变化秒表；将播放头移动到第 1 秒位置，用键盘"↑"键移动标语至画面外，或将鼠标移动到位移属性的 Y 轴数值处，当鼠标变成手型时往左拖动以减小 Y 轴数值，直至标语移到画面顶端外；预览标语的位移效果。

思考：为什么不直接用鼠标拖动标语到画面外？

选做提高

> 为了使画面动效更丰富，尝试做"标语"图层的淡入效果，即在位移的两个关键帧对应位置，做不透明度属性值从 0% 至 100% 的变化。

此效果的技术关键在于两种不透明度属性的关键帧在同一位置，即保证其时间点一致。打开位移属性，然后选中图层，按快捷键 Shift+T，同时显示位置和不透明度两个属性。在位置属性的关键帧处打开不透明度的关键帧，并单击 ◀ 或 ▶ 按钮转到上／下一个关键帧，如图 1-1-11 所示。

图 1-1-11　转到上／下一个关键帧

（4）制作麦穗缩放效果。

将麦穗素材拖入时间线窗口，放于"标语"图层之上，并将麦穗调整至画面中合适的位置，建立"麦穗"图层。选中"麦穗"图层，按回车键将其重命名为"左麦穗"，使用工具栏锚点工具（Y）🔲，将中心点移动到麦穗根部。展开缩放属性（S），将播放头移动到第 1 秒位置，打开缩放属性的时间变化秒表，并将其值设为 0；将播放头移动到第 2 秒位置，将鼠标移动到缩放属性值处，当鼠标变成手型时，往右拖动以增加缩放值，直至麦穗在画面中的大小合适；最后，预览左麦穗的缩放效果。

选中"左麦穗"图层，按快捷键为 Ctrl+D 复制，按快捷键 Ctrl+V 粘贴得到一个新的图层，按回车键将其重命名为"右麦穗"。展开缩放属性（S），在 2 秒处的关键帧位置，单击缩放属性的"约束比例"按钮 🔗 关闭约束比例功能，在 X 轴的数值前加负号（–）`-23.0,23.0%`，然后再次单击"约束比例"按钮打开约束比例功能。最后，预览两个麦穗与标语的动画配合程度是否完美。

选做提高

为了使画面动效更丰富，尝试做麦穗向两边打开的效果，时间线上各属性的关键帧可参考图 1-1-12。

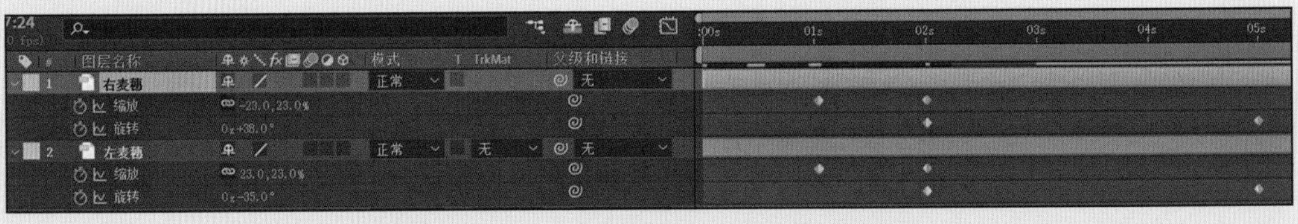

图 1-1-12　时间线上各属性的关键帧

各图层序号及相应属性关键帧参数如表 1-1-2 所示，合成效果如图 1-1-13 所示。

表 1-1-2　各图层序号及相应属性关键帧参数

图层序号	图层	属性	关键帧时间与数值 （f 代表帧，s 代表秒）		备注
5	背景太阳	旋转	0f 0x+0.0°	8s 0x+180.0°	必做
		不透明度	0f 0%	2s 100%	选做
4	长城	不透明度	0f 0%	2s 70%	必做
		位置	0f 826,478	2s 826,352	选做，位置值仅供参考，根据自己的画面布局进行调整

续表

图层序号	图层	属性	关键帧时间与数值 （f 代表帧，s 代表秒）		备注
3	标语	位置	1s 640,−79	2s 640,262	必做，位置值仅供参考，根据自己的画面布局进行调整
		不透明度	1s 0%	2s 100%	选做
2	左麦穗	缩放	1s 0,0%	2s 23,23%	必做
		旋转	2s 0x−20.0°	5s 0x−35°	选做
1	右麦穗	缩放	1s 0,0%	2s −23,23%	必做
		旋转	2s 0x+20.0°	5s 0x+35°	选做

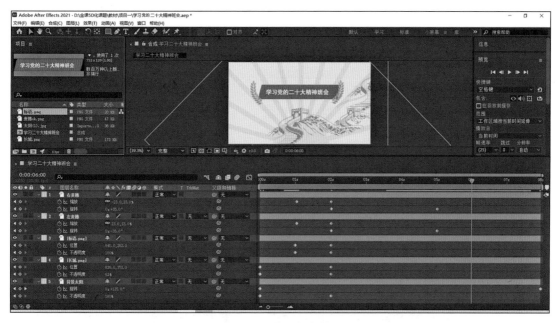

图 1 - 1 - 13 合成效果

AE 任务三　将合成渲染输出为影片

一、实施条件

（1）使用电脑安装相应版本的 AE；

（2）准备好已制作完成的合成（"学习党的二十大精神班会"视频片头）。

AE 渲染输出

二、实施步骤

"学习党的二十大精神班会"视频片头动画做好了，要让其他同学看到，就需要渲染输出为影片。选中做好的合成，单击"合成"菜单下的"添加到渲染队列"（快捷键 Ctrl+M），将会弹出"渲染队列"对话框，如图 1-1-14 所示。

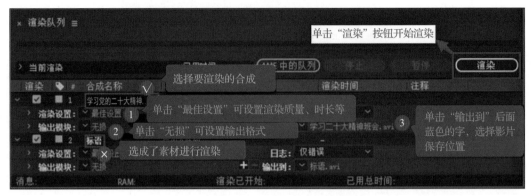

图 1-1-14 "渲染队列"对话框

1. 渲染设置

单击图 1-1-14 中"渲染设置"右边的 ■ 按钮或"最佳设置"，可以打开如图 1-1-15 所示的"渲染设置"对话框，用于设置影片的品质、分辨率、帧速率及开始、结束和持续时间等。单击"自定义"按钮，会出现如图 1-1-16 所示的"自定义时间范围"对话框。

图 1-1-15 "渲染设置"对话框   图 1-1-16 "自定义时间范围"对话框

2. 输出模块

单击图 1-1-14 中"输出模块"右边的 ■ 按钮或"无损"，可以打开如图 1-1-17 所示的"输出模块设置"对话框，用于设置影片的格式、渲染后动作、通道、深度和颜色等。单击"格式"下拉菜单，在 AE 自带的渲染格式中选择 AVI 格式，如图 1-1-18 所示。

3. 选择影片保存位置

单击图 1-1-14 中"输出到"右边的 ■ 按钮可选择命名方式。单击蓝色的字，弹

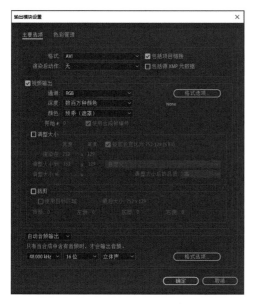

图 1-1-17 "输出模块设置"对话框

图 1-1-18 AE 自带的渲染格式

出"将影片输出到:"对话框,选择要保存在电脑中的位置即可,还可以在"文件名"文本框里修改影片名称。

4. 渲染输出

单击图 1-1-14 右上角的"渲染"按钮,AE 将开始进行渲染,等待出现渲染完成的提示音,就可以在影片保存位置找到我们渲染输出的影片。另外,AE 渲染出的 AVI 格式文件是未压缩的,所以文件会很大,一般需将其转码成 mp4 等通用格式。此外,也可以使用与 AE 版本相对应的 PR 进行渲染。

任务评价

使用 AE 制作简单的视频特效实训任务考核评价见表 1-1-3。

表 1-1-3 使用 AE 制作简单的视频特效实训任务考核评价

考核内容	考核点	分值	评分内容	自评	互评	师评	企业
AE 的界面操作	熟练操作 AE 界面,能将各窗口拖拽,进行自由组合	5	搞不清楚各窗口作用 -2,不会使用窗口菜单找到被关闭的窗口 -1,不会使用工作区 -1,不会拖拽窗口进行自由组合 -1				
AE 工具的使用	锚点工具、选择工具	5	不会使用锚点工具(Y)更改图层的锚点 -2,不会使用选择工具(V)进行各种常规操作 -3				
AE 命名规范	新建合成命名	3	没有给合成进行命名 -3				
	图层命名	5	没有给图层进行命名,每个图层 -1				
	给做好的工程文件命名	2	没按老师要求对工程文件命名 -2				

续表

考核内容	考核点	分值	评分内容	自评	互评	师评	企业
AE 图层基本属性及关键帧	会建立旋转属性的两个关键帧并设置不同值，完成背景太阳动效制作	15	没有建立关键帧 −15； 只建立一个关键帧 −10，建立两个关键帧但值一样 −5； 能正确使用不透明度属性配合制作动画 +3，尝试使用不透明度属性但效果不佳 +1				
	会建立不透明度属性的两个关键帧并设置不同值，完成长城动效制作	15	没有建立关键帧 −15； 只建立一个关键帧 −10，建立两个关键帧但值一样 −5； 能正确使用位置属性配合制作动画 +3，尝试使用位置属性但效果不佳 +1				
	会建立位置属性的两个关键帧并设置不同值，完成标语动效制作	15	没有建立关键帧 −15； 只建立一个关键帧 −10，建立两个关键帧但值一样 −5； 能正确使用不透明度属性配合制作动画 +3，尝试使用不透明度属性但效果不佳 +1				
	会建立旋转属性的两个关键帧并设置不同值，完成麦穗动效制作	15	没有建立关键帧 −15； 只建立一个关键帧 −10，建立两个关键帧但值一样 −5； 能正确使用缩放属性配合制作动画 +3，尝试使用缩放属性但效果不佳 +1				
图层的复制	能对制作好效果的图层进行复制并修改关键帧参数	10	不会复制图层 −5，不会使用开关缩放属性的"约束比例"按钮 −3，不会修改关键帧参数 −2				
影片的渲染输出	将制作完成的合成进行渲染并输出	10	不会渲染视频 −10； 能使用格式工厂或其他方式将格式转换成 mp4 格式 +2				
主题相关背景资料查阅	学习党的二十大精神	附加分	学习党的二十大精神 +5				
	了解项目各素材的含义		了解项目各素材的含义 +3				
探索与技能提升	完成相应的选做内容		加分项见各技能点加分，此处不重复				
	能解决 AE 使用中常见的问题		能查阅课后拓展或其他渠道资料，自己解决遇到的问题 +5				
	快捷键的使用		能记住使用到的快捷键，每记住一个 +0.5				
总分							

课后拓展

一、AE 窗口在使用时常见的问题

1. 合成监视窗与图层监视窗、素材监视窗的组合

在做动效时，有时会遇到预览时看不见总体效果的情况，这时候应首先检查自己的合成监视窗是否为当前激活（显示）状态。因为在默认情况下，合成监视窗与图层监视窗、素材监视窗在同一面板组，可能在双击素材或图层时，激活了素材监视窗或图层监视窗，如图 1-1-19 所示，所以预览时只看到了当前激活的监视窗（素材或图层）的内容。

图 1-1-19　监视窗面板组中图层监视窗呈激活状态

解决办法：单击合成监视窗，使其再次激活，即可查看合成总体效果。

2. 合成监视窗黑屏，同时下方出现红色警示条

这种情况也是在做特效时经常遇到的，如图 1-1-20 所示，这是由于按了键盘上的大写锁定键。

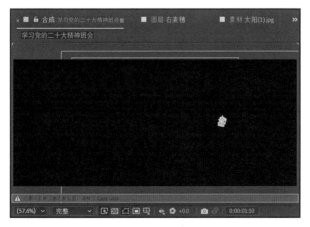

图 1-1-20　大写锁定键开启使合成监视窗无法刷新显示内容

解决办法：关闭键盘左侧的大写锁定键（Caps Lock），即可恢复合成监视窗的显示内容。

3. 找不到时间线窗口

使用 AE 时，可能会误触窗口上的关闭按钮而找不到相关窗口。可以从菜单栏的"窗口"下拉菜单中找到被关掉的窗口。对于时间线窗口，我们还可以通过双击项目窗口中对应的合成来重新开启时间线。

二、快捷键

快捷键会帮我们成倍地提高软件操作效率，可以从"帮助"下拉菜单（见图 1-1-21）里选择"键盘快捷键"命令，打开 AE 键盘快捷键查询页面，如图 1-1-22 所示。

图 1-1-21　"帮助"下拉菜单　　　　图 1-1-22　AE 键盘快捷键查询页面

不需要死记硬背快捷键，可在使用某些操作时，根据 AE 界面上的提示逐渐记住常用操作的快捷键，如，新建合成（Ctrl+N）、合成设置（Ctrl+K）、渲染输出（Ctrl+M）；图层五个基本属性：锚点（A）、位置（P）、缩放（S）、旋转（R）、不透明度（T）；工具栏：选择工具（V）、锚点工具（Y）等。

练习提高

1. 单选题

（1）高清电视的分辨率大小是（　　　）。

A. 720 像素 ×576 像素　　　　　　　B. 720 像素 ×480 像素

C. 1280 像素 ×720 像素　　　　　　　D. 1920 像素 ×1080 像素

（2）PAL 制的帧频是（　　　）。

A. 25fps　　　　　　B. 29.97fps　　　　　　C. 30fps　　　　　　D. 24fps

2. 判断题

（1）帧频和帧速率是同一个概念，都是影片每秒播放的静止画面的张数。（　　　）

（2）AE 的窗口是固定不变的，我们不能随便改变 AE 界面窗口的组合方式。（　　　）

3. 填空题

监视窗有三种，分别是＿＿＿＿＿＿＿＿、＿＿＿＿＿＿＿、＿＿＿＿＿＿＿。我们应该在合成监视窗中看影片合成的最终效果。

4. 操作题

（1）请安装 After Effects 软件（可从资料库里下载软件安装），并熟悉 AE 软件界

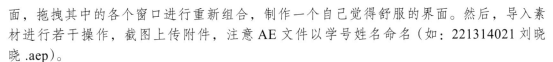

面，拖拽其中的各个窗口进行重新组合，制作一个自己觉得舒服的界面。然后，导入素材进行若干操作，截图上传附件，注意 AE 文件以学号姓名命名（如：221314021 刘晓晓 .aep）。

（2）根据样片，使用素材完成"水墨乌鸦"小片段。提交以下文件：

1）上传"水墨乌鸦"的 AE 工程文件（文件以学号姓名 AE2.aep 命名，如：220123201 张三 AE2.aep）；

2）自己做的素材也需要一并上交（文件不要重命名）；

3）请把合成渲染输出为 wmv 格式文件并提交（文件以学号姓名 AE2.wmv 命名）。不会用格式工厂的同学可以提交 AVI 格式文件。

学习笔记

_____

_____

_____

_____

_____

_____

_____

_____

_____

_____

项目二 体验特效合成——AE 的图层与遮罩（蒙版）

学习目标

知识目标：掌握图层的相关知识、遮罩的基本概念和类型，明确 AE 图层的位置关系对视频的影响。

能力目标：掌握三种遮罩的创建和使用方法；掌握遮罩形状关键帧动画的制作；能熟练操作遮罩的形状、羽化、透明度等属性；熟记遮罩的各属性的快捷键；掌握非闭合路径的遮罩与描边特效的配合使用；熟练使用特效控制面板；熟悉各种蒙版的常见使用场合。

素质目标：打下扎实的专业基础，养成良好的操作习惯，培养工程思想。传承尊老敬老的中华优秀传统文化，做懂感恩、充满文化自信的新时代青年。

情境导入

学校要进行感恩主题活动，要求同学们结合中国传统节日进行设计。东东回想小时候爷爷给他讲过很多革命故事，如今，东东出门在外读书，非常思念爷爷，于是他想以重阳节作为感恩活动的题材，制作一个视频动画，表达对爷爷的感恩之情和思念之意。

工作任务

使用 AE 闭合路径的遮罩、非闭合路径的遮罩和图层遮罩（轨道蒙版）完成《重阳节》视频动画，视频动画效果规划见表 1 - 2 - 1。

表 1-2-1 《重阳节》视频动画效果规划

素材	遮罩（蒙版）	备注
背景	无	放入时间线（选做：加渐变特效）
枫叶路	用矩形工具框出下半部分枫叶路	蒙版羽化，注意两层之间的融合
群山	用矩形工具框出上半部分橙色的群山	
枫叶枝	用钢笔工具勾勒树上的枫叶	作为前景放于画面左上角
老人	用钢笔工具勾勒出人物轮廓，并适当羽化	
枫叶	钢笔从右上角到左下角画非闭合路径的遮罩	配合"描边"特效，做结束点的关键帧；做水平翻转
枫叶枝	自选工具做单个枫叶的蒙版	（选做：用钢笔工具做非闭合路径的遮罩，沿路径运动）
重阳节文字	嵌套的合成里形状层以文字层的 Alpha 作为轨道蒙版	以重阳节文字新建合成。以新合成作为素材嵌套到大合成中使用。注意入点应配合枫叶的描边特效结束属性关键帧。
形状层（金色）		
重阳节文字	无	形状层做从左到右的运动，以实现文字过光效果
印章	嵌套的合成里形状层以印章的亮度反转遮罩作为轨道蒙版	注意入点应在过光动画结束处。形状层可缩放或用遮罩，配合印章大小范围。为使工程看上去结构比较清晰，印章与形状层做完后进行预合成，形成新的合成，命名为"印章"
形状层（红色）		

知识储备

图层与遮罩的相关知识

AE 图层与遮罩

一、关于图层

在 AE 中，所有的效果都是以层为单位来实现的，添加到合成中的任何素材都以图层的形式存在。由于图像类图层堆叠顺序的不同，总是上面的图层遮住下面的图层，需要通过遮罩（蒙版）等方法将若干个图层进行不同的叠加，最终达到预期视频合成效果。

二、遮罩（蒙版）

当只希望使用某图像类图层中的部分图像时，可以通过遮罩（蒙版）来实现。一个遮罩（蒙版）一定是属于某个图层的，而一个图层可以有若干个遮罩（蒙版）。

三、闭合路径的遮罩（蒙版）

闭合路径的遮罩（蒙版）可以为图层创建透明区域。可以在选中某一图层时使用形状工具或钢笔工具来创建闭合路径的遮罩（蒙版）。在使用钢笔工具绘制遮罩（蒙版）时，一定要首尾点相接，才能绘制出闭合路径的遮罩（蒙版）。

四、非闭合路径的遮罩（蒙版）

非闭合路径的遮罩（蒙版）需要配合描边特效为图层创建透明区域，或作为其他特效参数，如使用特效沿非闭合路径的遮罩（蒙版）创建灯光。可以使用钢笔工具来创建非闭合路径的遮罩（蒙版）。

五、图层遮罩（轨道蒙版）

使用图层遮罩（轨道蒙版）可以指定其他图层的透明与不透明区域，例如，我们经常使用一个图层的 Alpha 通道（透明部分）或 Luma（亮度）作为蒙版去指定另一个图层的透明与不透明区域。

任务实施

AE 任务一 使用闭合路径的遮罩（蒙版）制作动效

一、实施条件

（1）使用电脑安装相应版本的 AE 软件；
（2）准备好相应的素材文件（枫叶路 .jpg、群山 .jpg、枫叶枝 .png、老人 .jpg、枫叶 .png）。

使用闭合路径的
遮罩制作动效

二、实施步骤

1. 导入素材
打开 AE，导入素材文件夹"项目二重阳节（素材）"，如图 1 – 2 – 1 所示。

图 1 – 2 – 1 导入素材文件夹

2. 新建合成
单击"新建合成"按钮，新建高清合成"HDV/HDTV 720 25"，将其命名为"重阳节"，并设置持续时间为 10 秒，如图 1 – 2 – 2 所示。

3. 制作重阳节背景
（1）新建纯色层做背景。
在菜单栏连续单击选择"图层"下拉菜单中"新建"子菜单里的"纯色"（快捷键

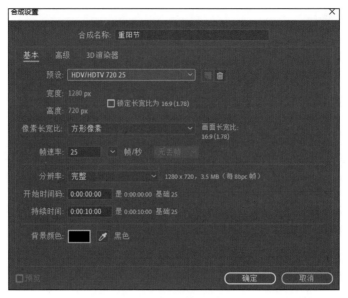

图 1-2-2 新建合成设置

Ctrl+Y），如图 1-2-3 所示，弹出"纯色设置"对话框，可用吸管工具在枫叶路图片中
吸取橙色，如图 1-2-4 所示，单击"确定"按钮，即可新建一个纯色层，系统会自动
把该纯色层放入合成时间线。

图 1-2-3 通过菜单栏新建纯色层

图 1-2-4 用吸管工具吸取橙色

（2）用矩形工具制作枫叶路图层遮罩。

将"枫叶路 .jpg"拖拽到时间线窗口，在工具栏里选择矩形工具 ■（快捷键 Q），选中"枫叶路"图层，框选枫叶路图层的下半部分，并调整蒙版羽化属性值，适当地调整位置、缩放、旋转属性，可参考图 1-2-5，最终的画面效果如图 1-2-6 所示。

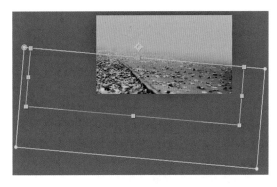

图 1-2-5　修改"枫叶路"图层各属性参考值　　　图 1-2-6　　添加枫叶路的画面效果

（3）用矩形工具制作群山图层遮罩。

将"群山 .jpg"拖拽到时间线窗口，在工具栏里选择矩形工具，选中"群山"图层，框选"群山"图层的上半部分，并调整蒙版羽化属性值，适当地调整位置、缩放属性，可参考图 1-2-7，最终的画面效果如图 1-2-8 所示。

图 1-2-7　修改"群山"图层各属性参考值　　　图 1-2-8　　添加群山的画面效果

（4）用钢笔工具制作枫叶枝图层遮罩。

将"枫叶枝 .png"拖拽到时间线窗口，双击"枫叶枝"图层，即可打开该图层的图层监视窗。在工具栏里选择钢笔工具 ✐（快捷键 G），用钢笔工具画出一个能将枫树枝框住的形状，最终的画面效果如图 1-2-9 所示。

思考：你还有什么方法可以达到同样的画面效果？

小贴士

可以参考课后拓展中"遮罩的叠加处理"之"相减"。用此方法画的闭合路径遮罩可参考图 1-2-10。

图 1-2-9　使用钢笔工具框出枫叶枝　　　图 1-2-10　使用椭圆形工具框出枫叶枝并反转遮罩

在工具栏里选择锚点工具 （快捷键 Y），将"枫叶枝"图层的锚点移动到图层左上角，如图 1-2-11 所示。在合成监视窗中，将该图层进行缩放，最终画面效果如图 1-2-12 所示。

图 1-2-11　将"枫叶枝"图层的锚点移到左上角　　　图 1-2-12　添加枫叶枝的画面效果

思考：为什么要调整"枫叶枝"图层的锚点？如果不调整锚点，要使画面效果如图 1-2-12 所示，还应调整该图层的什么属性？

4. 制作老人在枫叶路上行走画面

将"老人 .jpg"拖拽到时间线窗口，双击该图层，即可打开该图层的图层监视窗。在工具栏里选择钢笔工具，用钢笔工具沿两个老人的轮廓画出一个闭合路径的遮罩，如图 1-2-13 所示。

调整该图层的缩放、位置属性，并适当调整蒙版羽化与蒙版扩展属性，以配合背景，修改后的画面效果如图 1-2-14 所示。该图层修改的各参数值可参考图 1-2-15。

图 1-2-13　"老人"闭合
路径的遮罩

图 1-2-14　添加了老人的画面效果

图 1-2-15　修改"老人"图层
各属性参考值

任务二 使用非闭合路径的遮罩（蒙版）制作动效

一、实施条件

（1）使用电脑安装相应版本的 AE 软件；

（2）准备好相应的素材文件（枫叶枝 .png、枫叶 .png）。

使用非闭合路径的
遮罩制作动效

二、实施步骤

1. 使用非闭合路径的遮罩和描边特效制作枫叶飘落效果

将"枫叶 .png"放入合成时间线窗口，入点为 1s 处，适当地调整缩放、旋转和位置属性，使其在画面右上角。用钢笔工具沿枫叶从大到小的方向（即从画面右上角到中上部）画出一个非闭合路径的遮罩，如图 1-2-16 中的粉色曲线。在"效果和预设"面板中搜索"描边"特效，将其拖拽到该图层；在"效果控件"面板中设置"描边"特效的画笔大小、硬度等，使画笔覆盖该图层的全部枫叶，如图 1-2-17 所示；设置"描边"特效的关键帧在 1s 处为 0，在 2s 处为 100；在"描边"特效的"绘画样式"下拉菜单中选择"显示原始图像"，使其呈现刷出该图层的效果，如图 1-2-18 所示。该图层修改的属性可参考图 1-2-19。

图 1-2-16　用钢笔工具画出非闭合路径的遮罩

图 1-2-17　画笔覆盖到"枫叶"图层的全部枫叶

图 1-2-18　"枫叶"图层从右到左刷出

图 1-2-19　图层参考属性

2. 使用非闭合路径的遮罩制作枫叶沿路径运动效果（选做）

复制"枫叶枝"图层，将得到的新图层重命名为"枫叶飘落"，并删除该图层的所有遮罩。选用合适的工具制作闭合路径的遮罩，框选住其中一片枫叶。调整该图层的缩放、位置和旋转属性，使该片枫叶看上去是在枫叶枝上，如图 1-2-20 所示。选中该图层，在菜单栏

使用非闭合路径的
遮罩制作动效（选做）

的"图层"下拉菜单中选择"预合成"（快捷键 Ctrl+Shift+C），将该图层进行预合成，如图 1－2－21 所示。在弹出的"预合成"对话框中，将新合成命名为"枫叶飘落　合成1"，并选择"将所有属性移动到新合成"，如图 1－2－22 所示。

图 1－2－20　将被闭合路径的遮罩框住的单片枫叶放在枫叶枝上的画面效果

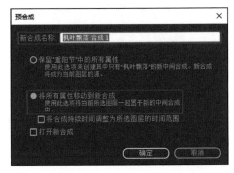

图 1－2－21　选择"预合成"　　　　　　　　图 1－2－22　"预合成"对话框

小贴士

　　钢笔工具和形状工具都可以做闭合路径的遮罩。默认情况下，所有的形状工具都藏在矩形工具的下拉菜单里，可以在矩形工具下拉菜单中进行选择，或按快捷键 Q 在各形状工具间进行切换。

　　在"重阳节"合成时间线窗口中，把"枫叶飘落　合成1"图层的锚点移到枫叶上。使用钢笔工具绘制一条非闭合路径的遮罩，作为制作枫叶飘落效果的路径备用。复制该非闭合路径的蒙版路径属性（快捷键 Ctrl+C），把播放头移到 3s 处，选中该图层的位置属性，粘贴（快捷键 Ctrl+V）即可出现与非闭合路径遮罩重叠的运动路径，如图 1－2－23 所示，复制枫叶的蒙版路径属性到位置属性，为位置属性添加若干关键帧，如图 1 - 2 - 24 所示。按小键盘上的 0 键进行效果预览，调整位置属性关键帧的距离，还可添加旋转属性的关键帧，以使动画更符合运动规律。

图 1 - 2 - 23　枫叶的运动路径与绘制的非闭合路径遮罩重叠

图 1 - 2 - 24　复制枫叶的蒙版路径属性到位置属性

思考：（1）位置属性的关键帧是怎么形成的？位置属性的这些关键帧与非闭合路径的遮罩有什么相关性？（2）为什么要调整"枫叶飘落　合成 1"图层的锚点？图层锚点对沿路径运动有什么影响？

 任务三　使用图层遮罩（轨道蒙版）制作动效

一、实施条件

（1）使用电脑安装相应版本的 AE 软件；
（2）准备好相应的素材文件（重阳节文字 .png、印章 .jpg）。

使用图层遮罩（轨道蒙版）制作动效

二、实施步骤

1. 制作重阳节文字过光效果

（1）制作重阳节文字淡入效果。

将素材"重阳节文字 .png"放入重阳节合成时间线窗口，并将 2s 设为该图层入点（快捷键 Alt+[）。调整该图层的缩放和位置属性，使画面看上去和谐、富有美感，文字大

小及位置可参考图 1-2-25。打开该图层的不透明度属性，在 3s 处设置不透明度属性值为 100%，在 2s 处设置不透明度属性值为 0%，实现文字的淡入效果。

小贴士

在画完形状后立即单击选择旋转工具，该图形的锚点会在该图形的中心点，否则该图形的锚点将在该图层的中心点。

（2）制作金色亮光划过文字的效果。

不选中任何图层，用矩形工具画出一个金黄色的长方形，并使用旋转工具（快捷键 W）将其顺时针旋转 30° 左右，然后将该图层命名为"金色形状"。将播放头移动到 3s15f 左右，设为该图层入点，然后用选择工具（快捷键 V）将长方形拖拽到文字左边的位置，如图 1-2-25 所示。激活位置属性的时间变化秒表，打上位置属性关键帧；在大约 5s 处，把长方形移至文字右边的位置，如图 1-2-26 所示，这时系统会自动打上位置属性的第二个关键帧，形成长方形从文字左侧移动到右侧的动画。

图 1-2-25　金色形状开始的位置　　　　　图 1-2-26　金色形状结束的位置

复制"重阳节文字"图层（快捷键 Ctrl+D），重命名上面的图层为"重阳节 - 黄色可见的范围 - 不显示"，并将其移动到"金色形状"图层的上一层。将"金色形状"图层的轨道遮罩设为 Alpha 遮罩"重阳节 - 黄色可见的范围 - 不显示"，如图 1-2-27 所示。

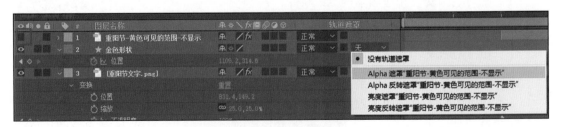

图 1-2-27　设置"金色形状"图层的显示范围为上一层的文字区域

（3）将过光文字效果相关图层预合成。

在"重阳节"合成中，选中图层 1～3，在菜单栏的"图层"下拉菜单里选择"预合成"，在弹出的"预合成"对话框里的"新合成名称"文本框中输入"重阳节文字"，如图 1-2-28 所示，单击"确定"按钮，三个图层将被重新放到一个新的合成里，并嵌入原来的"重阳节"合成中。新合成"重阳节文字"各图层的参考属性值如图 1-2-29 所示。

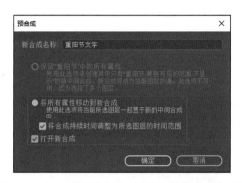

图 1-2-28　将图层 1～3 预合成到新的合成中

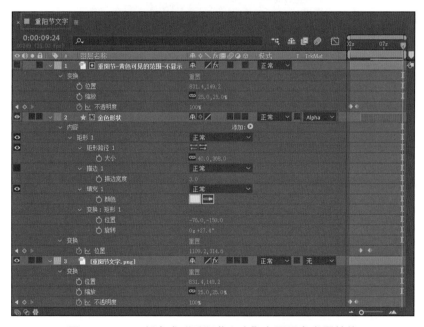

图 1-2-29　新合成"重阳节文字"各图层参考属性值

2. 使用图层亮度反转遮罩制作印章

（1）以素材"印章.jpg"新建合成。

将素材"印章.jpg"拖拽到"新建合成"按钮上，系统以素材印章的大小新建了一个名为"印章"的合成。

（2）新建红色纯色层。

在菜单栏的"图层"下拉菜单中选择"新建"子菜单中的"纯色"来新建纯色层，或使用快捷键 Ctrl+Y 添加纯色层，并选择图层颜色为深红色，然后拖拽该纯色层到"印章"图层的下层。

（3）将"印章"图层作为纯色层的轨道遮罩。

因为印章的外缘是不规则的，要使"印章"图层四周的白色区域不可见，我们可以使用亮度信息来作为轨道遮罩，让红色纯色层只显示印章非白色的区域。

选择纯色层（图层2）的轨道遮罩为"亮度反转遮罩'印章.jpg'"：纯色层以它上层"印章"图层（图层1）的亮度信息控制图层2的透明度信息。如图1-2-30所示，右上角合成的视图2为打开透明栅格的效果，合成的视图1没有打开透明栅格，透明部分显示为黑色。可见，使用亮度反转遮罩后的合成效果为："印章"图层越亮的部分（白色区域），其对应区域的纯色层越透明，越看不见。需注意的是，作为遮罩层的"印章"图层默认为不可见。

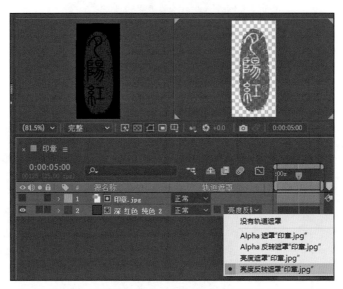

图1-2-30 "印章"合成中图层放置顺序及轨道遮罩效果

（4）做"重阳节"合成中的印章淡入动画。

将"印章"合成拖拽到"重阳节"合成时间线上的5s处。在6s处激活该图层不透明度属性的时间变化秒表，在5s处修改不透明度属性值为0%，系统自动在5s处添加了关键帧。调整该图层的缩放和位置属性使其在画面中的大小和位置适宜，画面效果参考图1-2-31。最终的"重阳节"合成各图层排列顺序及属性值可参考图1-2-32。

图1-2-31 最终合成画面效果

图 1－2－32　"重阳节"合成各图层排列顺序及属性值参考

3. 将视频渲染输出

将最终"重阳节"合成添加到渲染队列并渲染输出。具体渲染设置可参考项目一任务三的介绍。

"重阳节"合成的各图层顺序及相应属性关键帧参数如表 1－2－2 所示。

表 1－2－2　"重阳节"合成的各图层顺序及相应属性关键帧参数

合成	图层序号	图层	遮罩	属性	关键帧时间与数值（无关键帧的属性不标注时间）			
重阳节	1	印章（合成）	无	位置	674.1,113.7			
				缩放	34,34%			
				不透明度	5s 0%		6s 100.0%	
	2	重阳节文字（合成）	无	无	无			
	3	枫叶飘落合成1（合成）	非闭合路径的遮罩复制到位置属性，沿路径运动	锚点	270.0,123.7			
				位置	3s 268,124	3s16f 812,550	4s08f 802,468	5s 1366,642
	4	枫叶	非闭合路径的遮罩使用钢笔工具从右上角到左下角画非闭合路径的遮罩＋"描边"特效，做结束属性的关键帧	位置	897.3,−236.3			
				缩放	−75.0,75.0%			
				旋转	0x+17.0°			
				效果－"描边"各属性				
				－画笔大小	159.0			
				－画笔硬度	90.0%			
				－结束	1s 0.0%		2s 100.0%	
				－绘画样式	显示原始图像			
	5	枫叶枝	闭合路径的遮罩工具和遮罩形状任选，能达到"显示树上的枫叶"效果即可	锚点	1.5, 0.0			
				位置	0.0, 0.0			
				缩放	44.1, 44.3%			

续表

合成	图层序号	图层	遮罩	属性	关键帧时间与数值 （无关键帧的属性不标注时间）
重阳节	6	老人	闭合路径的遮罩 使用钢笔工具勾勒出人物轮廓，适当羽化	蒙版羽化	10.0, 10.0
				蒙版扩展	-3.0
				位置	798.0, 544.2
				缩放	30.0, 30.0%
	7	群山	闭合路径的遮罩 使用矩形工具框出上半部分橙色的群山	蒙版羽化	400.0, 400.0
				位置	638.0, 302.7
				缩放	30.1, 20.0%
	8	枫叶路	闭合路径的遮罩 使用矩形工具框出下半部分枫叶路	蒙版羽化	168.0, 168.0
				位置	396.0, 290.0
				缩放	79.0, 79.0%
				旋转	0x+5.0°
	9	背景橙色	无	无	无

"印章"合成的各图层顺序及遮罩如表1-2-3所示。

表1-2-3 "印章"合成的各图层顺序及遮罩

合成	图层序号	图层	遮罩	备注
印章	1	印章	作为深红色纯色层的轨道蒙版	不显示
	2	深红色纯色层	以印章的亮度反转遮罩作为轨道蒙版	

"重阳节文字"合成各图层顺序及相关属性关键帧参数如表1-2-4所示。

表1-2-4 "重阳节文字"合成各图层顺序及相关属性关键帧参数

合成	图层序号	图层	遮罩	属性	关键帧时间与数值（参考） （f代表帧，s代表秒）	
重阳节文字	1	重阳节 – 黄色可见的范围 – 不显示	作为金色形状层的轨道蒙版		同图层3	
	2	金色形状 （形状层）	以"重阳节 – 黄色可见的范围 – 不显示"的Alpha作为轨道蒙版	位置	3s15f 688.5, 297.5	5s 1109.2, 314.6
	3	重阳节文字	无	位置	831.4, 149.2	
				缩放	25.0, 25.0%	
				不透明度	2s 0%,0%	3s 100%,100%

"枫叶飘落　合成1"图层相关属性关键帧参数如表1-2-5所示。

图 1－2－5 "枫叶飘落 合成 1"图层相关属性关键帧参数

合成	图层序号	图层	遮罩	属性	数值（参考）	备注
枫叶飘落合成 1	1	枫叶飘落	闭合路径的遮罩自选工具做单个枫叶的蒙版	锚点	2413.2，1446.8	预合成时，选择将所有属性移入新合成；非闭合路径的遮罩画在新合成外
				位置	897.3，－236.3	
				缩放	34.0，34.0%	
				旋转	0x－45.0°	

任务评价

AE 的图层与遮罩（蒙版）实训任务考核评价见表 1－2－6。

表 1－2－6 AE 的图层与遮罩（蒙版）实训任务考核评价

考核内容	考核点	分值	评分内容	自评	互评	师评	企业
合成与图层命名	规范命名合成与图层	5	合成与图层没有规范命名 –5				
AE 图层与遮罩的关系	明确 AE 图层的位置关系；比较使用遮罩对画面的影响；总结遮罩的三种类型	6	搞不清楚图层位置关系 –2；不会绘制图层遮罩 –2；遮罩类型运用错误 –2				
使用闭合路径的遮罩制作动效	闭合路径的遮罩的创建方法	20	不会使用形状工具绘制图层遮罩 –10；不会使用钢笔工具绘制图层遮罩 –7；创建的闭合路径的遮罩形状偏差较大 –3				
	修改遮罩形状	5	不会灵活运用添加"顶点"工具、删除"顶点"工具、转换"顶点"工具修改遮罩形状 –5；修改后的遮罩形状不符合需求 –2				
	操作遮罩的形状、羽化、透明度等属性	10	没有正确操作，每个属性 –2				
使用非闭合路径的遮罩制作动效	非闭合路径的遮罩的创建方法	5	不会使用钢笔工具绘制图层遮罩 –5；创建的闭合路径的遮罩形状偏差较大 –3				
	修改遮罩形状	5	不会灵活运用添加"顶点"工具、删除"顶点"工具、转换"顶点"工具对遮罩进行形状的修改 –5；修改后最终的遮罩形状不够完美 –2				
	非闭合路径的遮罩与描边特效配合使用	15	不会添加描边特效 –15；不会选择描边路径为所画的非闭合路径遮罩 –2；不会修改画笔大小、画笔硬度、每项 –2；不会选择"绘画样式"为"显示原始图像" –2，不会根据设置的参数重新调整非闭合路径的遮罩使其覆盖整个画面的 –5				
	特效控制面板的使用	5	不会在特效控制面板或时间线特效属性组中进行相关操作，设置结束或起始关键帧，制作枫叶飘落效果 –5				

续表

考核内容	考核点	分值	评分内容	自评	互评	师评	企业
使用图层遮罩（轨道蒙版）制作动效	会使用图层制作 Alpha 遮罩/Alpha 反转遮罩/亮度遮罩/亮度反转遮罩	10	不会使用图层制作轨道蒙版（印章、重阳节文字金色亮光），每种 −5				
	文字过光效果的制作	5	不会通过设置金色图层的位置关键帧制作文字过光效果 −5				
合成嵌套	预合成的制作	5	不会将若干图层进行预合成 −5；预合成设置不够明确 −2，预合成与嵌套合成的时间关系不明确 −2				
（非）闭合路径遮罩的相关操作	移动遮罩位置	2	不会移动遮罩位置 −2				
	复制遮罩	2	不会复制遮罩到其他图层 −2				
熟记快捷键	熟记遮罩各属性的快捷键	附加分	每个 +1				
运动路径	会制作沿路径运动的效果		选做出枫叶沿路径运动效果 +5				
探索精神与感恩之心	探索"枫叶枝"图层的多种遮罩使用方法		+2				
	完成新的感恩视频		+10				
总分							

课后拓展

一、AE 遮罩在使用中常见的问题

1. 创建遮罩与绘制图形

在 AE 中创建遮罩时，有时会忘了选中要创建遮罩的图层，这时，会在合成窗口中直接绘制出形状图形，在时间线窗口中也会新增该图形的形状图层。

问题原因：遮罩一定是基于图层的。如果在创建遮罩时没有选中任何图层，则 AE 不知道我们要为哪个图层创建遮罩，自然不会创建任何遮罩。

解决办法：只要先选中要创建遮罩的图层，再使用绘图工具（钢笔或形状工具）在合成窗口中绘制遮罩形状，即可为选中的图层创建遮罩。

2. 创建遮罩小技巧

（1）选择需要创建遮罩的图层后，双击工具栏中的矩形工具，可以快速创建一个与所选择图层像素大小相同的矩形遮罩。

（2）在使用椭圆工具绘制椭圆形遮罩时，如果按住 Shift 键，可以创建一个正圆形遮罩；如果按住 Ctrl 键，则可以以单击点为中心向外绘制遮罩。

3. 遮罩的叠加处理

当一个图层中同时包含多个遮罩时，可以通过设置遮罩的"混合模式"选项，来使遮罩与遮罩之间产生叠加的效果，如图 1 - 2 - 33 所示。

图 1-2-33　设置遮罩的"混合模式"选项

（1）无：选择该选项，当前路径不会起到遮罩作用，只作为路径存在，可以为路径添加描边、光线动画和路径动画等辅助动画效果，如图 1-2-34 所示。

（2）相加：默认情况下，蒙版使用的是"相加"模式，如果绘制的蒙版中有两个或两个以上的路径图形，就可以清楚地看到两个蒙版以相加的形式显示的效果，如图 1-2-35 所示。

图 1-2-34　遮罩的混合模式为"无"的效果　　图 1-2-35　遮罩的混合模式为"相加"的效果

（3）相减：如果选择"相减"模式，遮罩部分将被抠除，显示镂空的效果，如图 1-2-36 所示。如果该图层只有一个遮罩，则选择"相减"模式与选择"相加"模式后勾选该蒙版名称右侧的"反转"复选框所实现的效果相同，如图 1-2-37 所示。

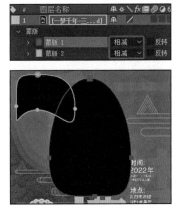

图 1-2-36　遮罩的混合模式为"相减"的效果

图 1-2-37　"相减"模式和"相加"反转后的效果

（4）交集：如果选择"交集"模式，则只显示所有蒙版相交的部分，如图1-2-38所示。

（5）变亮："变亮"模式的应用范围与"相加"模式相同，蒙版重叠部分的不透明度为值较高的不透明度。如图1-2-39所示，蒙版1的不透明度为50%，蒙版2的不透明度为90%，采用"变亮"模式后，两个蒙版显示部分的不透明度为蒙版1的90%。

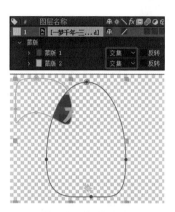
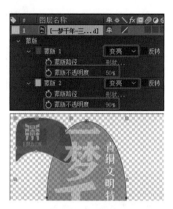

图1-2-38 遮罩的混合模式为"交集"的效果　　图1-2-39 遮罩的混合模式为"变亮"的效果

（6）变暗："变暗"模式的可视范围与"交集"模式相同，但是对于蒙版重叠部分的不透明度，则采用值较低的不透明度。如图1-2-40所示，蒙版1的不透明度为50%，蒙版2的不透明度为90%，采用"变暗"模式后，两个蒙版显示部分的不透明度为蒙版2的50%。

（7）差值："差值"模式是采取并集、减去交集的模式，即先对所有蒙版的组合取并集，然后再减去所有蒙版组合的相交部分进行相减运算，如图1-2-41所示。如果蒙版有透明部分，如，蒙版1的不透明度为80%，蒙版2的不透明度为99%，采用"差值"模式后，两个蒙版显示部分的不透明度为19%。

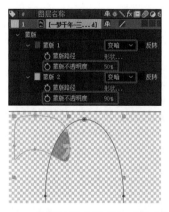

图1-2-40 遮罩的混合模式为"变暗"的效果　　图1-2-41 遮罩的混合模式为"差值"的效果

二、本项目用到的快捷键

遮罩：蒙版形状（M）、蒙版羽化（F）；

适合复合（图层自动匹配到合成大小)(Ctrl+Alt+F)；

工具栏：形状工具（Q）、钢笔工具（G）、锚点工具（Y）、旋转工具（W）、文字工具（Ctrl+T）、选择工具（V）、手型工具（H）；

图层入点（Alt+[）、图层出点（Alt+]）；

合成入点（B）、合成出点（N）；

预合成（Ctrl+Shift+C）、新建合成（Ctrl+N）、合成设置（Ctrl+K）、渲染输出（Ctrl+M）；

图层五个基本属性：锚点（A）、位置（P）、缩放（S）、旋转（R）、不透明度（T）。

练习提高

1. 单选题

（1）打开遮罩（蒙版）属性的快捷键是（　　　）。

A. M   B. Ctrl+M

C. Alt+M   D. Ctrl+Z

（2）遮罩（蒙版）羽化的快捷键是（　　　）。

A. M   B. Ctrl+M

C. Alt+M   D. F

2. 多选题

（1）遮罩（蒙版）的类型有（　　　）。

A. 闭合路径的遮罩（蒙版）   B. 非闭合路径的遮罩（蒙版）

C. 图层（轨道）遮罩（蒙版）   D. 亮度遮罩（蒙版）

（2）闭合路径的遮罩（蒙版）可以用（　　　）得到。

A. 锚点工具   B. 钢笔工具

C. 图形工具   D. 选择工具

3. 判断题

（1）遮罩（蒙版）可以通过调整不透明度或羽化效果来与背景影像融合，以达到完美的画面效果。（　　　）

（2）遮罩（蒙版）可以丰富画面元素、增加画面层次，在影像合成中是不可或缺的合成技巧之一。（　　　）

4. 填空题

给图层添加轨道遮罩后，轨道遮罩就会随着动画一起作用于目标层，在轨道遮罩下拉菜单有_____种不同的类型。

5. 操作题

（1）根据艺术馆动态 logo 样片，使用素材，利用图层五个基本属性、遮罩、合成嵌套及动态模糊等完成艺术馆动态 logo 画面效果。

提交要求：提交工程文件、gif 格式最终效果文件，如有额外素材也应一并提交。

（2）根据动态图表样片，使用素材，利用图层五个基本属性、遮罩、描边特效等完成动态图表画面效果。

提交要求：提交工程文件、gif 格式最终效果文件，如有额外素材也应一并提交。

（3）你还能想到什么和感恩主题相关的节日？请自己寻找素材，运用所学的特效制作知识与技能，完成一个节日视频。必要时，请查阅相关资料学习更多需要用到的特效技术。

提交要求：提交工程文件、mp4 格式最终效果文件，相关素材也应一并提交。

学习笔记

项目三 活灵活现之字——AE 的文字特效

学习目标

知识目标：掌握 AE 文字动画的基本概念和相关知识。

能力目标：能利用 AE 的文字范围选择器制作逐字动画；能通过添加特效制作金属文字；能运用动画预设制作文字动画，并将其灵活合理地应用到实践中。

素质目标：培养专业意识和能力，提高审美能力，力当有梦青年。

情境导入

东东接到学校影视工作坊的通知，需要他完成一个主题为"坚守初心，筑梦前行"的片头文字动画，要求风格大气，彰显气势。

工作任务

熟悉 AE 中的逐字动画与文字预设特效，使用 AE 的文字特效完成"坚守初心，筑梦前行"的片头文字动画。片头文字动画效果规划见表 1-3-1。

表 1-3-1 "坚守初心，筑梦前行"的片头文字动画效果规划

素材	动画与使用的文本动画属性		备注
主题文字	1.逐字出现（模糊、不透明度）	2.逐字随机出现并拉开一定距离（模糊、字符间距、不透明度）	动画 2 中不同的属性应该分属于不同的范围选择器，属性添加顺序也会影响最终效果
	1.金属文字效果	2.流光金属文字效果	
	1.添加文字动画预设	2.修改文字动画预设	
说明：动画 1 为必做内容；动画 2 为使动画效果更丰富、更完善，有能力的同学可选做			

AE 文字动画的基本概念

一、添加文字

AE 在工具箱中提供了建立文本的工具，包括"横排文字工具" **T** （默认）和"垂直文字工具" **IT** ，可以根据需要建立水平文字和垂直文字。文字格式可以通过字符面板设置。

二、文字图层的属性

AE 中的文字图层包含文本、变换两个基本属性，如图 1-3-1 所示。其中，变换属性是每个图层都有的基本属性，与其他图层无异。文本属性是文字图层所特有的，主要有源文本、路径选项、动画等，源文本可以制作打字机效果，路径选项用于制作字符沿某一条路径运动的动画效果，动画属性则用来制作逐字动画效果。

图 1-3-1 AE 文字图层的基本属性

三、添加特效

添加特效有三种方法，如图 1-3-2 所示。方法一：选中图层，在菜单栏中单击

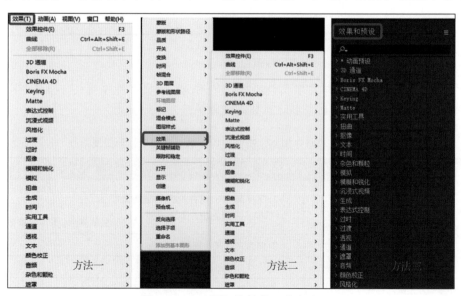

图 1-3-2 添加特效的三种方法

"效果"，选择特效进行添加；方法二：选中图层，单击鼠标右键，在快捷菜单中单击"效果"，选择特效进行添加；方法三：选中图层，在"效果和预设"面板中查找或者直接输入特效名称搜索，双击特效或者拖拽特效至图层上进行添加。添加特效后可以通过"效果控件"面板修改特效属性。

任务实施

AE 任务一　使用文本动画制作逐字动画特效

一、实施条件

（1）使用电脑安装相应版本的 AE 软件；
（2）本任务不需要素材。

使用文本动画
制作逐字动画特效

二、实施步骤

1. 新建合成

单击项目窗口下方"新建合成"按钮，将弹出"合成设置"对话框。在"合成名称"中输入"金属字"，在"预设"中选择高清画面"HDTV 1080 25"，在"持续时间"中输入 500（即 5 秒），如图 1－3－3 所示。

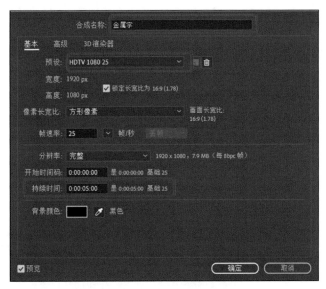

图 1－3－3　AE 合成设置窗口

2. 添加文字

单击工具栏中的"横排文字工具"（快捷键 Ctrl+T），在合成监视窗中输入"坚守初心，筑梦前行"，文字画面与字符属性设置如图 1－3－4 所示。然后，通过按快捷键 Ctrl+Home 实现文字相对合成居中（视点居中）的效果。

图 1-3-4　文字画面与字符属性设置

　　文字输入完成后，要单击工具栏中的选择工具 ，将鼠标切换回选择状态。

3. 制作逐字文字动画

（1）制作逐字由模糊到清晰效果。

　　单击文本图层"坚守初心，筑梦前行"中的"动画" 动画: （如图 1-3-5 所示），在弹出的"动画"菜单中选择"模糊"（如图 1-3-6 所示），文本图层中便会新增属性组"动画制作工具 1"—"范围选择器 1"—"模糊"（如图 1-3-7 所示）。

图 1-3-5　添加"动画"属性前

图 1-3-6　"动画"菜单

图 1-3-7　添加"动画"属性后

　　将"模糊"属性值改为"40，40"。依次展开"动画制作工具 1"—"范围选择器 1"，在 0f 的位置将"起始"属性前面的时间变化秒表打开，添加第 1 个关键帧，这时的"起始"属性值为 0。将播放头移动到 3s 位置，将"起始"属性值设置为 100，这时系统将自动添加第 2 个关键帧，如图 1-3-8 所示。

图 1-3-8 "动画制作工具 1"—"范围选择器 1"—"起始"属性的设置

（2）制作逐字出现效果。

再次单击"动画"，在弹出的"动画"菜单中选择"不透明度"，文本图层中便会自动新增属性组"动画制作工具 2"—"范围选择器 1"—"不透明度"。

小贴士

范围选择器用来指定动画属性影响文本图层上的字符，只影响选择项。既可以为一个动画制作工具添加多个范围选择器，也可以把多个动画属性限制在同一个范围选择器内。

将不透明度属性值改为 0%。依次展开"动画制作工具 2"—"范围选择器 1"，在 0f 的位置将"起始"前面的时间变化秒表打开，添加第 1 个关键帧，这时的"起始"属性值为 0；将播放头移动到 3s 位置，将"起始"属性值设置为 100，如图 1-3-9 所示。

图 1-3-9 逐字出现效果的属性设置

选做提高

为了使画面动效更丰富，可以依照"模糊""字符间距大小""不透明度"的顺序依次添加三种动画属性，这三种动画属性应该分属于不同的动画制作工具打开"模糊"与"不透明度"动画属性"高级"中的"随机排序"，设置"字符间距大小"在 0f 处的属性值为 0，在 3s 处的属性值为 40。动画属性设置可参考图 1-3-10（图为关键帧值为 0f 位置）

项目三任务一
选做提高

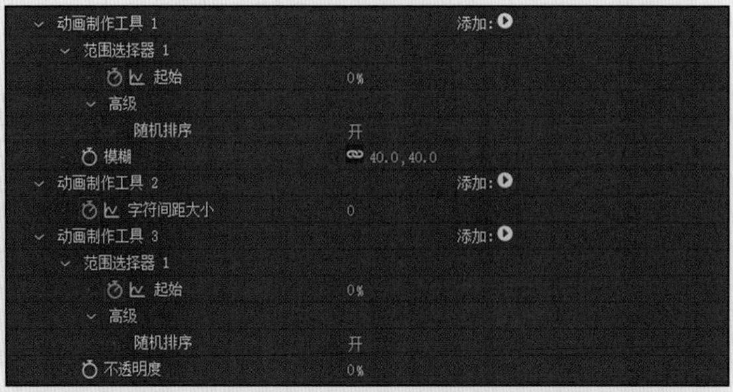

图 1-3-10　分属于不同动画制作工具的"模糊""字符间距大小""不透明度"动画属性顺序

　　思考：为什么三种属性应该分属于不同的范围选择器？动画属性添加顺序不一样对动画效果有什么影响？

AE 任务二　使用特效制作文字效果

一、实施条件

（1）使用电脑安装相应版本的 AE 软件；

（2）准备好相应的素材文件（光面反射 .jpg、粒子 1.mp4、粒子 2.mp4）。

二、实施步骤

1. 新建合成

使用特效制作
文字效果

单击项目窗口下方"新建合成"按钮，将弹出"合成设置"对话框。在"合成名称"中输入"光面反射合成"，在"预设"中选择高清画面"HDTV 1080 25"，在"持续时间"中输入 500（即 5 秒），如图 1-3-11 所示。

2. 导入素材

双击项目窗口空白处，导入本任务的所有素材（可以按快捷键 Ctrl+A 全选文件夹中的所有素材后导入），如图 1-3-12 所示。

3. 制作文字特效动画

（1）制作文字光面反射效果。

将素材"光面反射 .jpg"放到光面反射合成中，按快捷键 Ctrl+Alt+F 使素材大小与合成适配。在"效果和预设"面板中搜索"动态拼贴"（如图 1-3-13 所示），将"动态拼贴"特效拖拽到"光面反射"图层上，为该图层添加动态拼贴特效。在"效果控件"面板中修改"拼贴宽度"和"拼贴高度"的值（属性值设置可参考图 1-3-14）。添加动态拼贴前后画面对比如图 1-3-15 所示。

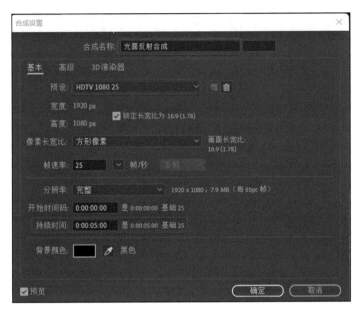

图 1 – 3 – 11 "合成设置"对话框

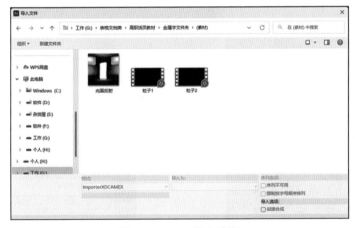

图 1 – 3 – 12 导入素材

图 1 – 3 – 13 搜索"动态拼贴"

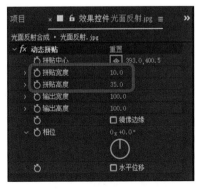

图 1 – 3 – 14 "动态拼贴"属性值

图 1-3-15　添加动态拼贴前后画面对比

　　为了使画面动效更丰富，大家可以尝试给动态拼贴制作移动特效。将第 0fx 轴处的"拼贴中心"属性值设置为 393，5s 处的"拼贴中心"属性值设置为 593，最终可以实现流光效果。

项目三任务二
选做提高

　　为"光面反射"图层添加曲线特效，将素材图片的暗部适当调亮，如图 1-3-16 所示调整曲线。曲线的左端点代表黑场，这个点升高，黑颜色就会变亮。

　　将光面反射合成放到金属字合成中，将光面反射合成的轨道遮罩设置为"Alpha 遮罩'坚守初心，筑梦前行'"，如图 1-3-17 所示。

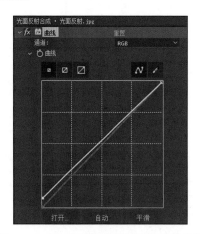

图 1-3-16　"光面反射"图层曲线设置

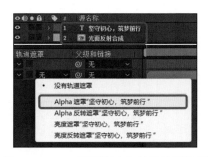

图 1-3-17　图层顺序与轨道遮罩设置

　　AE 中的合成可以嵌套，通过嵌套可以管理和组织复杂合成，简化操作步骤。除了本案例中的先新建合成、后嵌套的方式，还可以采取先建立图层、后转换为预合成进行嵌套的方式。另外，轨道遮罩也称为图层蒙版，在 AE 2021 版本中对应的图层选项窗口是 TrkMat。

　　（2）制作文字金属效果。

　　为光面反射合成添加"CC Glass""CC Blobbylize"特效，使文字呈现金属质地效果。具体参数设置参考图 1-3-18。

小贴士

CC Glass 中文翻译为 CC 玻璃，通过添加高光和阴影以及一些微小的变形制造玻璃透视效果。Height 通过控制阴影范围，增强或减弱画面透视效果；Displacement 对画面做液化处理，制造透视变形效果。CC Blobbylize 中文翻译为 CC 融化滴落，用来为图像中的纹理添加融化效果。Softness 设置图像中纹理产出融化滴落点效果的柔化程度，数值越大，效果越平滑；Cut Away 设置图像中暗部区域的扩张程度，数值越大，扩张越明显。

小贴士

调整图层为透明空图层，一般用来添加特效，调整图层上的特效会作用于它之下的所有图层。

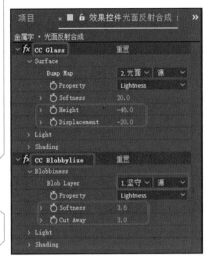

图 1-3-18 特效参数设置

单击选择菜单栏里"图层"下拉菜单里"新建"子菜单中的"调整图层"或右击图层面板空白处，在快捷菜单中单击选择"新建"子菜单中的"调整图层"（快捷键 Ctrl+Alt+Y），如图 1-3-19 所示。为调整图层添加曲线特效，调整曲线设置使文字呈现金色，曲线设置参考图 1-3-20。

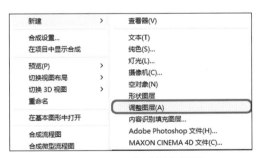

图 1-3-19 新建调整图层

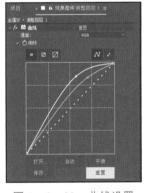

图 1-3-20 曲线设置

4. 制作背景

将素材"粒子 1""粒子 2"放至图层面板最下方，将"粒子 1"的模式改为相加，按空格键预览最终效果。最终图层顺序如图 1-3-21 所示。

◉🔊●🔒	#	图层名称		模式	
◉	1	☐ 调整图层 1	⊕ ✦ / fx ◐	正常	∨
◉	2	T ☐ 坚守初心，筑梦前行	⊕ ✦ /	正常	∨
◉	3	▦ ☐ [光面反射合成]	⊕ / fx	正常	∨
◉🔊	4	M4 [粒子1.mp4]	⊕ /	相加	∨
◉🔊	5	M4 [粒子2.mp4]	⊕ /	正常	∨

图 1-3-21 最终图层顺序

最终的各图层顺序及相应属性关键帧参数如表1-3-2所示，合成效果如图1-3-22所示。

表1-3-2　各图层顺序及相应属性关键帧参数

合成	图层		特效	属性	关键帧时间与数值 （f 代表帧，s 代表秒）		备注
光面反射合成	光面反射		动态拼贴	拼贴宽度	10（无关键帧）		必做
				拼贴高度	35（无关键帧）		
				拼贴中心	0f 393,400.5	5s 593,400.5	选做
			曲线	参考图1-3-16	无		必做
金属字合成	1	调整图层1	曲线	参考图1-3-20	无		必做
	2	文字层（本图层的特效均通过图层"动画"按钮添加）	模糊	模糊	40，40（无关键帧）		必做
				起始	0f 0%	3s 100%	必做
				随机排序	开（无关键帧）		选做
			字符间距	字符间距大小	0f 0	3s 40	选做
			不透明度	不透明度	0%（无关键帧）		必做
				起始	0f 0%	3s 100%	必做
				随机排序	开（无关键帧）		选做
	3	光面反射合成	CC Glass	Height	-46（无关键帧）		必做
				Displacement	-20（无关键帧）		
			CC Blobbylize	Blob Layer	1. 坚守初心，筑梦前行		必做
				Softness	3.6（无关键帧）		
				Cut Away	3.0（无关键帧）		
	4	粒子1	无	将混合模式改为相加	无		必做
	5	粒子2	无	无	无		必做

图1-3-22　最终合成效果图

5. 最终合成渲染输出

将金属字合成渲染输出，修改名称为"金属字 01"，设置分辨率为 1920 像素 × 1080 像素、视频格式为 AVI，如图 1-3-23 所示，并通过格式工厂或其他方式将影片转换成 mp4 格式文件。

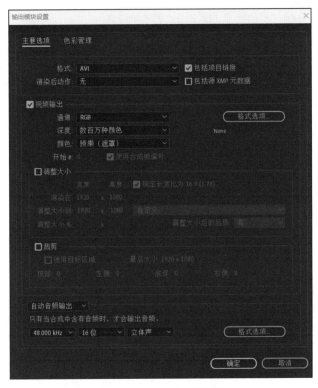

图 1-3-23 输出设置

AE 任务三 使用动画预设制作丰富的文字动画特效

AE 的"效果和预设"面板中自带了很多种文字动画预设，也就是已经做好的文字动画，我们只需要将喜欢的文字动画预设添加到文字上，就可以拥有流畅的文字动画，有效地帮助用户节省了制作时间。本任务将在任务二的基础上，通过动画预设来实现文字动画特效，探索文字动画特效的更多可能。

一、实施条件

（1）使用电脑安装相应版本的 AE 软件；
（2）准备好已完成的金属字合成并复制备用。

二、实施步骤

使用动画预设制作
丰富的文字动画
特效

1. 清除文字动画特效

在金属字合成的时间线上，单击选中图层"坚守初心，筑梦前行"，按 U+U 键展开该图层所有更改过的属性，选中"动画制作工具 1"（如图 1-3-24 所示），按 Delete 键删除，让文字呈现只有金属字特效、没有文字动画的状态。

图 1-3-24 选中"动画制作工具 1"

2. 添加动画预设中的文字动画特效

单击选中图层"坚守初心，筑梦前行"，时间定位在 3f 位置 ，在"效果和预设"面板中找到"动画预设"选项，单击展开按钮 将其展开，依次展开"Text"（文本）选项—"Animate In"（进入动画），双击"划入到中央"，将该效果添加到文字层，如图 1-3-25 所示。

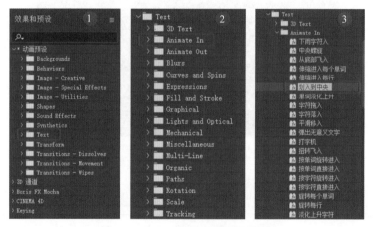

图 1-3-25 添加文字动画预设

小贴士

动画预设是 AE 设计师做好的动画效果，每个动画预设由一个或多个效果组成，供用户直接调用，快速制作出具有专业水平的作品。动画预设共有 13 组，其中，"Text"是文字动画预设，内含 17 组风格不同的文字动画。同学们作为初学者，可以多预览这些动画预设，也可以在选中图层的前提下，按 U+U 键展开该图层所有更改过的属性，学习动画预设的动画制作。在本案例中，同学们也可以选择添加自己喜欢的文字动画预设。

另外，动画预设的动画开始时间与添加时播放头的时间位置有关系，当播放头在 0f 时添加动画预设，那 0f 便是动画的初始时间；当播放头在 2s 时添加动画预设，那 2s 便是动画的初始时间。

  动画预设的动画是可以修改的，选中文字图层，按 U+U 键就可以查看该文字图层更改过的属性。在本案例中，按 U+U 键后可以看到有"起始"和"结束"两组关键帧，同学们可以尝试把"起始"和"结束"的关键帧移动到 2s 的位置，延长动画时长。更改关键帧时间位置前后对比如图 1 - 3 - 26 所示。

项目三任务三
选做提高

图 1 - 3 - 26 更改关键帧时间位置前后对比

3. 将合成渲染输出

  将添加动画预设后的合成渲染输出为名称为"金属字 02" ┼ 输出到：∨ 金属字02.avi 、分辨率为 1920 像素 ×1080 像素、视频格式为 AVI 的影片，并通过格式工厂或其他方式将影片转换成 mp4 格式文件。

任务评价

  AE 的文字特效实训任务考核评价见表 1 - 3 - 3。

表 1 - 3 - 3 AE 的文字特效实训任务考核评价

考核内容	考核点	分值	评分内容	自评	互评	师评	企业
新建合成	新建合成	3	没有给合成进行命名 -1，没有正确设置制式 -1，没有正确设置时间 -1				
添加文字	能通过文字工具添加文字，并设置文字格式	5	不知道如何添加文字 -5； 文字没有段落居中 -2，文字字体不合适 -1，文字大小不合适 -1，文字添加后没切换回选择工具 -1				
添加文字动画	添加文字动画	10	不会使用动画按钮添加动画 -10； 不会给文字添加不同的动画制作工具 -5，模糊和不透明度没有都添加 -5； 正确添加字符间距动画 +2				

续表

考核内容	考核点	分值	评分内容	自评	互评	师评	企业
建立文字动画关键帧	修改动画属性值	5	没有正确修改模糊动画属性值 -3，没有正确修改不透明度动画属性值 -2				
	建立范围关键帧	10	没有建模糊动画关键帧 -5，没有建不透明度动画关键帧 -5；会正确建立字符间距动画关键帧 +3，尝试建立字符间距动画关键帧 +1				
新建光面反射合成	新建合成	3	没有给合成进行命名 -1，没有正确设置制式 -1，没有正确设置时间 -1				
添加特效 1	动态拼贴特效	10	没有给图层添加动态拼贴特效 -10；没有将图层先适配合成 -2，没有修改拼贴宽度 -4，没有修改拼贴高度 -4；正确设置拼贴中心关键帧 +3，尝试设置拼贴中心关键帧 +1				
	曲线特效	5	没有添加曲线特效 -3，没有正确设置曲线 -2				
嵌套合成	嵌套合成	5	没有将合成进行嵌套 -3，没有修改轨道遮罩 -2				
添加特效 2	CC Glass 特效	10	没有给图层添加 CC Glass 特效 -10；没有修改 Height-5，没有修改 Displacement-5				
	CC Blobbylize 特效	10	没有给图层添加 CC Blobbylize 特效 -10；没有修改 Blob Layer-4，没有修改 Softness-3，没有修改 Cut Away-3				
添加特效 3	新建调整图层并添加曲线特效	10	没有新建调整图层 -5，没有添加曲线特效 -3，没有正确设置曲线 -2				
制作背景	图层顺序与混合模式	5	图层顺序不正确 -3，没有修改粒子 1 的混合模式 -2				
添加动画预设	添加文字动画预设	4	没有给文字图层添加文字动画预设 -4；尝试给文字图层添加与案例不一样的动画预设 +1，尝试修改动画预设的属性 +2				
影片的渲染输出	将制作完成的合成进行渲染	5	不会渲染视频 -5；会使用格式工厂或其他方式将文件格式转换成 mp4 格式 +2				
探索与技能提升	完成相应的选做内容	附加分	加分项见各技能点加分，此处不重复				
总分							

课后拓展

一、如何查看嵌套中的子合成

在本项目中有两个合成，一个是主合成"金属字"合成，一个是子合成"光面反射"

合成，其中，"光面反射"合成作为图层嵌套在"金属字"合成中，如果后期想再修改"光面反射"合成里面的参数或者动画，要怎么操作呢？

解决办法：只要双击图层面板中的"光面反射"合成，就可以打开"光面反射"合成查看修改。

二、如何边修改子合成边预览主合成

在实际操作中，我们经常需要通过预览画面，反复修改参数，力求达到最优效果。在嵌套合成中，如果想在修改子合成参数的同时，预览主合成的最终效果，要怎么操作呢？

解决办法：只要在合成监视窗中单击左上角 合成 金属字 中的锁定按钮 🔒，切换到锁定合成状态 合成 金属字，如图 1-3-27 所示，就可以边修改子合成边预览主合成。

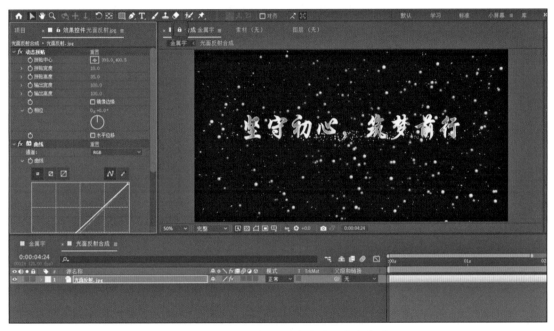

图 1-3-27 边修改子合成边预览主合成

 练习提高

1. 单选题

（1）AE 新建文本的快捷键是（   ）。

A. Ctrl+N   B. Ctrl+M   C. Ctrl+S   D. Ctrl+T

（2）下列（   ）特效可以修改图层的明亮度和颜色。

A. 曲线   B. CC Glass   C. CC Blobbylize   D. 动态拼贴

2. 判断题

（1）AE 的文字范围选择器只能添加一种动画属性。（   ）

（2）AE 的特效只能添加给图片、视频，不能添加给文字。（   ）

3. 填空题

文字范围选择器的三种决定范围的动画属性是_____、_____、

_____。

项目三练习一

项目三练习二

4. 操作题

（1）根据样片，完成"文字位移"文字动画制作。提交以下文件：

1）上传"文字位移"的 AE 工程文件（文件以"学号姓名 AE2.aep"命名，如：220123201 张三 AE2.aep)；

2）请把合成渲染输出为 wmv 格式的文件并提交（文件以"学号姓名 AE2.wmv"命名）。不会用格式工厂的同学可以提交 AVI 格式文件。

（2）根据样片，完成"光晕出字"文字动画制作。提交以下文件：

1）上传"光晕出字"的 AE 工程文件（文件以"学号姓名 AE2.aep"命名，如：220123201 张三 AE2.aep)；

2）请把合成渲染输出为 wmv 格式的文件并提交（文件以"学号姓名 AE2.wmv"命名）。不会用格式工厂的同学可以提交 AVI 格式文件。

学习笔记

模块二
AE 进阶篇

**模块二
AE进阶篇**

项目四　感受多变色彩
——调色
- 使用亮度和对比度控件还原画面亮度
- 使用色相/饱和度控件调整画面色彩
- 使用曲线控件调整图像的色调和明暗
- 使用更改颜色控件进行二级调色

项目五　背景以假乱真
——抠像
- 使用Keylight（1.2）进行抠像
- 使用内部/外部键进行毛躁边缘物体抠像
- 使用颜色差值键进行抠像
- 颜色校正与抠像控件的综合运用实训

项目六　认定目标不变
——AE跟踪与稳定
- 稳定素材画面
- 使用一个跟踪点制作文字跟踪唢呐运动
- 使用两个跟踪点制作文字跟踪黑板运动
- 使用四个跟踪点制作唢呐视频随相册翻动效果（透视边角定位）

项目七　想不到的特效
——各种实用特效
- 使用粒子特效制作背景
- 使用转场特效制作相册主体
- 使用效果和预设制作光影效果
- 添加音乐并渲染输出视频

项目四　感受多变色彩——调色

学习目标

知识目标：了解色彩的基本概念和基本属性；熟悉调色的作用与流程；熟悉不同的调色效果；掌握调色的基本操作。

能力目标：能进行常用的颜色校正控件操作；能运用 AE 对项目进行颜色校正。

素质目标：在设计中养成精益求精的工作态度；提升调整图像色彩时的分析能力，培养专业的调色思维。

情境导入

东东在视频制作的过程中发现，由于受到外界客观环境的影响，拍摄出的视频画面与真实画面会出现一定的偏差。通过研究性学习，他发现有时调色处理的结果会直接影响影片最终效果，颜色校正效果组下的众多效果则可以用来对画面进行修正，也可以对色彩正常的画面进行调节，使其更加精彩。

工作任务

通过 4 个案例的学习，基本掌握调色的方法与技巧。调色效果规划见表 2 - 4 - 1。

表 2 - 4 - 1　调色效果规划

任务	要求
亮度与对比度	调整图像的亮度和对比度
色相 / 饱和度	调整图像中色相和饱和度
曲线	调整色调和明暗，能够对画面整体和单独的颜色通道进行设置，精确地调整色阶的平衡和对比度
更改颜色	将图像中选定颜色更改为指定颜色

色彩相关概念和调色相关知识

一、色彩的基本概念

色彩是通过眼、脑和我们的生活经验所产生的一种对光的视觉效应。人对颜色的感觉不仅由光的物理性质所决定，还往往受到周围颜色的影响。有时人们也将物质产生不同颜色的物理特性直接称为颜色。

二、色彩三要素

1. 色相

色相即色彩相貌，它是色彩的首要特征，是区分色彩的主要依据，如红、普蓝、群青、柠檬黄、草绿等。红色调图像如图 2-4-1 所示，蓝色调图像如图 2-4-2 所示。

图 2-4-1　红色调图像　　　　图 2-4-2　蓝色调图像

2. 明度

明度是指色彩的明亮程度，又称亮度，即色彩的明暗差别。不同颜色会有明暗的差异，相同颜色也有明暗深浅的变化。在明亮的地方鉴别色彩的明度比较容易，在暗的地方就难以鉴别。

明度通常以黑色和白色表示，越接近黑色，明度越低；越接近白色，明度越高。因此，黑色为明度最低的色彩，白色为明度最高的色彩。低明度图像如图 2-4-3 所示，高明度图像如图 2-4-4 所示。

图 2-4-3　低明度图像　　　　图 2-4-4　高明度图像

和色相一样，色彩的明度同样会影响人们对色彩的心理感受。同样的物体，黑色或者暗色系的物体会使人感觉沉重，白色或者亮色系的物体会使人感觉轻松。

3. 纯度

纯度也称为饱和度，即色彩的鲜艳程度。饱和度和明度取值范围为 0 到 100%，有彩色的各种色，都具有彩度值，无彩色的彩度值为 0。纯度越高，颜色越鲜艳；纯度越低，颜色越灰暗。低饱和度图像如图 2-4-5 所示，高饱和度图像如图 2-4-6 所示。

图 2-4-5 低饱和度图像

图 2-4-6 高饱和度图像

三、AE 颜色校正效果组

AE 颜色校正效果组如图 2-4-7 所示。

（1）三色调：改变图层的颜色信息，将高光、中间调和阴影区域的颜色替换。

（2）通道混合器：通过混合当前的颜色通道来修改颜色通道。

（3）阴影/高光：根据周围的像素单独调整阴影和高光，校正过暗或过亮的局部画面。

（4）CC Color Neutralizer：CC 颜色中和剂效果，分别对高光、阴影、中间调区域的颜色进行设置与中和。

（5）CC Color Offset：CC 色彩偏移效果，CC 调节红色、绿色和蓝色三个通道，使红色、绿色、蓝色分别产生相位偏移。

（6）CC Kernel：CC 内核效果。

（7）CC Toner：CC 调色剂效果，将各种颜色映射到图层的不同亮度域，常用于制作双色调、三色调图像。

（8）照片滤镜：通过冷、暖色调节图像。

（9）Lumetri 颜色：Adobe 提供的专业品质的颜色校正与颜色分级工具。

（10）PS 任意映射：将 Photoshop 任意映射文件应用于图层，可兼容更早的版本。

（11）灰度系数/基值/增益：为每个通道单独调整相应曲线。

（12）色调：对图层着色。

（13）色调均化：改变图像的像素值，以形成更一致的亮度或颜色分量分布。

```
三色调
通道混合器
阴影/高光
CC Color Neutralizer
CC Color Offset
CC Kernel
CC Toner
照片滤镜
Lumetri 颜色
PS 任意映射
灰度系数/基值/增益
色调
色调均化
色阶
色阶（单独控件）
色光
色相/饱和度
广播颜色
亮度和对比度
保留颜色
可选颜色
曝光度
曲线
更改为颜色
更改颜色
自然饱和度
自动色阶
自动对比度
自动颜色
视频限幅器
颜色稳定器
颜色平衡
颜色平衡 (HLS)
颜色链接
黑白和白色
```

图 2-4-7 AE 颜色校正效果组

（14）色阶：调整图像中的阴影、中间调和高光。

（15）色阶（单独控件）：与色阶效果类似。

（16）色光：转变图像取样颜色，可以用新的渐变颜色对图像进行上色处理，同时可以为其设置动画效果。

（17）色相 / 饱和度：可调整图像中色相和饱和度。

（18）广播颜色：可改变像素颜色值，以保留用于广播、电视的信号振幅。

（19）亮度和对比度：调整整个图层的亮度和对比度。

（20）保留颜色：除指定的颜色外，画面中其余颜色的饱和度将会降低。

（21）可选颜色：扫描仪和分色程序使用的一种技术，可以有选择地修改主要颜色中的印刷色数量，而不会影响其他主要颜色。

（22）曝光度：调整图像的曝光。

（23）曲线：调整图像的色调和明暗。

（24）更改为颜色：将在图像中选择的颜色更改为使用色相、亮度和饱和度值的其他颜色，同时使其他颜色不受影响。

（25）更改颜色：将选定颜色更改为指定颜色。

（26）自然饱和度：调整饱和度，以便在颜色接近最大饱和度时最大限度地减少对画面的修剪。

（27）自动色阶：可将图像各颜色通道中最亮和最暗的像素映射为白色和黑色，然后重新分配中间的像素。

（28）自动对比度：轻度调整阴影或高光的强度。

（29）自动颜色：在分析图像的阴影、中间调和高光后，调整图像的对比度和颜色。

（30）视频限幅器：通过剪辑层级及剪切前压缩控制图像色域。

（31）颜色稳定器：用于移除素材中的闪烁，以及均衡素材的曝光和因改变照明情况引起的色移。

（32）颜色平衡：调整红、绿、蓝分别在阴影、中间调、高光中的偏移。

（33）颜色平衡（HLS）：通过色相、亮度和饱和度等参数调节画面色调。

（34）颜色链接：使用一个图层的平均颜色为另一个图层着色。此效果可用于快速找到与背景图层颜色相匹配的颜色。

（35）黑色和白色：将彩色图像转换为灰度图像。

任务实施

AE 任务一 使用亮度和对比度控件还原画面亮度

使用亮度和对比度
控件还原画面亮度

一、实施条件

（1）使用电脑安装相应版本的 AE 软件；

（2）准备好相应的素材文件（花 .jpg）。

二、实施步骤

1. 认识"亮度和对比度"

用于调整整个图层总体的亮度和对比度，参数面板如图 2-4-8 所示。

- 重置：将已设定的数值还原。
- 亮度：调整图层亮度。数值越高，亮度越高，反之越低。
- 对比度：调整图层对比度。数值越高，对比度越高，反之越低。

2. 调整花朵画面亮度

调整前的效果如图 2-4-9 所示。执行"效果"—"颜色校正"—"亮度和对比度"命令，在"效果控件"面板中设置效果参数"亮度"为 70、"对比度"为 20，如图 2-4-10 所示。调整后如图 2-4-11 所示。

图 2-4-8 "亮度和对比度"参数面板

图 2-4-9 调整前效果

图 2-4-10 参数设置

图 2-4-11 调整后效果

AE **任务二** 使用色相/饱和度控件调整画面色彩

一、实施条件

（1）使用电脑安装相应版本的 AE 软件；
（2）准备好相应的素材文件（海天 1.jpg）。

二、实施步骤

1. 认识"色相/饱和度"

用于调整图像中色相和饱和度，参数面板如图 2-4-12 所示。

使用色相/饱和度
控件调整画面色彩

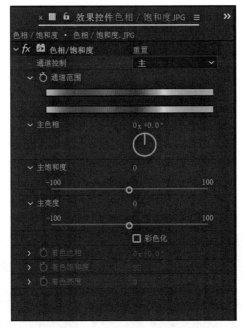

图 2 - 4 - 12　色相 / 饱和度参数面板

- 通道控制：用于选择颜色通道，如果选择"主"，则对所有颜色应用效果；如果选择下拉菜单中的"红""黄""绿""青""蓝""洋红"通道，则对所选颜色应用效果。
- 通道范围：对图像的颜色进行自主选择，显示通道受到效果影响的范围。拖动竖条可调节颜色范围，拖动三角形可调节羽化量。
- 主色相：调节图像的颜色，并根据数值进行调整。
- 主饱和度：调节图像的整体饱和度，调整范围为 –100 ~ 100。数值为 –100 时，图像颜色变为黑白。
- 主亮度：调节图像的整体亮度，调整范围为 –100 ~ 100。

2. 制作晴天效果

调整前的效果如图 2 - 4 - 13 所示。执行"效果"—"颜色校正"—"色相 / 饱和度"命令，在"效果控件"面板中选择"通道控制"为"主"，设置"主饱和度"为 80；然后选择"通道控制"为青色，设置"主饱和度"为 –50。调整后的效果如图 2 - 4 - 14 所示。

图 2 - 4 - 13　调整前效果

图 2 - 4 - 14　调整后效果

小贴士

勾选"彩色化"复选框后才可以调节"着色色相""着色饱和度""着色亮度"。

任务三 使用曲线控件调整图像的色调和明暗

一、实施条件

（1）使用电脑安装相应版本的 AE 软件；
（2）准备好相应的素材文件（画室 .jpg）。

使用曲线控件调整
图像的色调和明暗

二、实施步骤

1. 认识"曲线"

用于调整图像的色调和明暗，能够针对画面整体和单独的颜色通道调整色阶的平衡和对比度。"曲线"参数面板如图 2-4-15 所示。

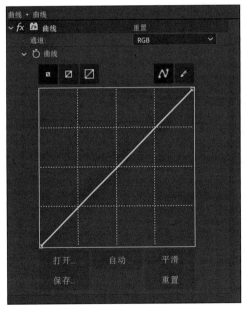

图 2-4-15 "曲线"参数面板

- 通道：提供通道的选择。在下拉菜单中可选择 RGB 、红色、绿色、蓝色和 Alpha 通道。
- 曲线工具：增加或减少曲线的节点。通过设定不同节点，或者用鼠标拖动节点，对图像进行调整。
- 铅笔工具：在坐标图上绘制自定义曲线。
- 打开 …：打开之前保存的曲线参数。
- 保存 …：保存当前已经调节好的曲线参数，可重复使用。

● 自动：自动调整曲线。
● 平滑：平滑曲线。
● 重置：对已修改的参数进行还原设置。

小贴士

如果要删除曲线上的节点，只需要将对应节点拖到曲线坐标图之外。

2. 调节画室画面效果

调整前的效果如图 2 - 4 - 16 所示。执行"效果"—"颜色校正"—"曲线"命令，在曲线坐标图中增加曲线节点（节点往上移动会使图像变亮，节点往下移动会使图像变暗），使用 S 形曲线增加图像的明暗对比度，如图 2 - 4 - 17 所示。调整后的效果如图 2 - 4 - 18 所示。

图 2 - 4 - 16 调整前效果

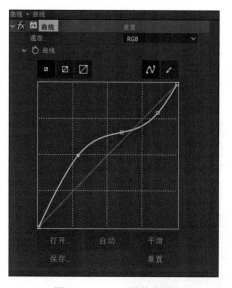

图 2 - 4 - 17 调整曲线

图 2 - 4 - 18 调整后效果

AE 任务四　使用更改颜色控件进行二级调色

使用更改颜色控件
进行二级调色

一、实施条件

（1）使用电脑安装相应版本的 AE 软件；
（2）准备好相应的素材文件（海天 2.jpg）。

二、实施步骤

1. 认识"更改颜色"

用于将选定颜色更改为指定颜色,参数面板如图 2-4-19 所示。

- 视图:设置查看图像的方式。在下拉菜 单中可选择"校正的图层"和"颜色校 正蒙版"。其中"校正的图层"用于观 察色彩校正后的显示效果;"颜色校正蒙 版"用于观察蒙版效果,也就是图像中 被改变的区域。

图 2-4-19 "更改颜色"参数面板

- 色相变换:对图像色相进行调整。
- 亮度变换:对图像亮度进行调整。
- 饱和度变换:对图像饱和度进行调整。
- 要更改的颜色:用于指定要替换的颜色。
- 匹配容差:用于完成对图像颜色容差度 的匹配。范围从 0 至 100,数值越大,可更改的区域越大。
- 匹配柔和度:对图像的色彩柔和度进行调节。
- 匹配颜色:用于设置颜色的匹配模式,在下拉菜单中可选择"使用 RGB""使用色 相""使用色度"。
- 反转颜色校正蒙版:对蒙版进行反转,从而反转色彩校正的范围。
- 重置:对已修改的参数进行还原设置。

2. 制作黄昏效果

调整前的效果如图 2-4-20 所示。执行 "效果"—"颜色校正"—"更改颜色"命令, 在"效果控件"面板中展开效果参数"要更改 的颜色",选择吸取工具,选取海面和天空中 面积较大的灰黄色,调整"色相变换"为 -30, 局部画面带上了红色,如图 2-4-21 所示。 调整后的效果如图 2-4-22 所示。

图 2-4-20 调整前效果

图 2-4-21 调整参数面板的"色相变换"和"要更改的颜色"

图 2 - 4 - 22　调整后效果

任务评价

调色实训任务考核评价见表 2 - 4 - 2。

表 2 - 4 - 2　调色实训任务考核评价

考核内容	考核点	分值	评分内容	自评	互评	师评	企业
亮度和对比度	调整图像的亮度和对比度至合适	25	画面处理过曝 -10； 画面色彩严重不匹配 -10； 尝试使用亮度和对比度工具，但效果不佳 -5				
色相/饱和度	调整图像中色相、饱和度和亮度至合适	25	画面处理出现严重色彩不匹配 -15； 尝试使用色相/饱和度工具，但效果不佳 -10				
曲线	调整色调和明暗，能够对画面整体和单独的颜色通道精确地调整色阶的平衡和对比度	25	画面处理出现严重色彩不匹配 -15； 尝试使用曲线工具，但效果不佳 -10				
更改颜色	将图像中选定颜色更改为指定颜色	25	画面处理出现严重色彩不匹配 -15； 尝试使用更改颜色工具，但效果不佳 -10				
探索与技能提升	积极探索用不同色调塑造的视频风格	附加分	尝试各种调色工具，并对比效果的异同 +3； 总结一套自己的调色技巧 +5				
总分							

课后拓展

一级和二级调色是在图像处理和颜色校正中使用的调整方法。一级调色是指对整个图像进行全局性的色彩和亮度调整，通常包括对整体对比度、色调、饱和度和亮度进行微调，以使图像具有所需的整体效果。一级调色可以应用于整个图像或视频序列，以确保一致的视觉风格。二级调色是在一级调色之后，对特定区域或特定颜色范围进行更精细的调整，涉及对图像的局部区域或特定对象进行调整，以增强细节、修复颜色偏差或实现特定的视觉效果。二级调色常常需要更精准地选择工具和技术，例如遮罩、键控和色彩分离。一级和二级调色在电影制作、摄影、视频编辑和图像处理领域被广泛使用，以达到所需的视觉效果。

练习提高

1. 单选题

（1）（　　　）不属于色彩的三要素。

A. 色相 　　　　　 B. 明度 　　　　　 C. 纯度 　　　　　 D. 色光

（2）（　　　）使人感觉到温暖。

A. 绿色 　　　　　 B. 紫色 　　　　　 C. 红色 　　　　　 D. 蓝色

2. 判断题

（1）"曲线"用于调整图像的色调和明暗，能够对画面整体和单独的颜色通道精确地调整色阶的平衡和对比度。（　　　）

（2）"CCToner"是 CC 调色剂效果，能将各种颜色映射到图层的不同亮度区域，常用于制作双色调、三色调图像。（　　　）

3. 操作题

（1）根据所学的调色相关知识，使用对应素材完成"花"背光调色修改。提交以下文件：

1）上传"花"的 AE 工程文件（文件以"学号姓名 AE5-1.aep"命名，如：220123201 张三 AE5-1.aep）；

2）请把合成渲染输出为 wmv 格式文件并提交（文件以"学号姓名 AE5-1.wmv"命名）。

（2）根据样片，使用素材，添加固态层并使用合适的调色方法、遮罩（遮罩路径、遮罩羽化、不透明度等）或形状图层＋模糊特效、文字动画、图层遮罩（轨道蒙版）等方法配合关键帧完成"Color Clothes"画面效果并配上音效。

提交要求：提交工程文件、mp4 格式的最终效果文件，如有另外处理的素材也应一并提交。

（3）从以下主题中任选其一，小组合作拍摄，个人完成剪辑和调色：

1）记忆中的故乡；2）自主创意。

提交以下文件：

1）上传 AE 工程文件（文件以"学号姓名 AE4-2.aep"命名，如：220123201 张三 AE4-2.aep）；

2）上传所有用到的素材；

3）请把合成渲染输出为 wmv 格式文件并提交（文件以"学号姓名 AE4-2.wmv"命名）。

学习笔记

5 项目五　背景以假乱真——抠像

学习目标

　　知识目标：了解抠像的概念与注意事项；掌握常用抠像类效果的应用方法。
　　能力目标：掌握常用的抠像控件操作方法；能运用 AE 对不同类型的素材进行抠像。
　　素质目标：探索不同抠像控件的应用领域；积极运用不同种类的视频进行抠像的探索；拓宽视野，提高实际应用能力。

情境导入

　　如何处理好经济发展与环境保护的关系，实现两者的良性互动，是当前不少地方面临的现实课题。小明正在参与保护自然生态环境的视频宣传比赛，他想通过"绿水青山就是金山银山"的视频宣传生态环境可持续发展的理念。在开始制作前，他先通过 3 个案例学习对应抠像控件的作用、使用方法、参数和使用技巧，以便在后期制作中可以根据合成素材的特点选择最适合的抠像工具。

工作任务

　　通过颜色校正与抠像控件的综合运用，完成"绿水青山就是金山银山"视频简单片头。效果规划见表 2-5-1。

表 2-5-1　"绿水青山就是金山银山"视频简单片头效果规划

素材	动画与图层设置	备注
羊卓雍措	1. 运用钢笔工具（绘制蒙版 1 和 2） 2. 运用抠像　内部／外部键（移除天空） 3. 运用颜色校正（曲线调整颜色通道）	调整图片大小并移至适合位置
天空	1. 运用时间伸缩（放慢视频速度） 2. 运用颜色校正　亮度／对比度（提高亮度） 3. 运用颜色校正　色相／饱和度（提高饱和度）	调整图片大小并移至适合位置

续表

素材	动画与图层设置	备注
标题	1. 缩放（由小到大） 2. 透明度（由无变有）	
底版	1 缩放（由小到大） 2. 透明度（由无变有）	底版出现时间比标题晚
说明：有能力的同学可以根据之前课程所学，对片头进行补充完善		

知识储备

抠像的基本概念

抠像一词是从早期电视制作中得来的。在 AE 中吸取画面中某一种颜色，将它从画面中抠去，从而使不需要的部分变成透明，在后期的制作中再加入新的元素，形成特殊的图像合成效果。

为了方便在后期制作中能够更干净地去除背景颜色，同时不影响主体的颜色表现，拍摄的素材一般选用单纯均匀的背景颜色。为了使光线尽可能地分布均匀，往往会在室内摄影棚进行拍摄。这样极大地缩短了后期制作的时间，最终的抠像结果由前期拍摄素材的质量和后期制作中的抠像技术共同决定。

一、Keying

在 Keying 中可选择"Keylight（1.2）"，如图 2-5-1 所示，它用于处理反射、半透明区域和头发，参数较为复杂。

二、抠像

抠像效果如图 2-5-2 所示。

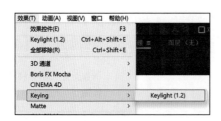

图 2-5-1　在 Keying 中选择"Keylight（1.2）"　　　图 2-5-2　抠像效果

- Advanced Spill Suppressor：需要结合其他抠像效果使用，清除的是抠像后画面中残余的背景颜色。
- CC Simple Wire Removal：CC 金属丝移除，一般用于抠除视频素材中的钢丝，如吊威亚用的钢丝。
- Key Cleaner：可恢复通过典型抠像效果抠出的场景中 Alpha 通道的细节。
- 内部 / 外部键：运用内部蒙版路径和外部蒙版路径来确定要抠出来的物体范围。
- 差值遮罩：通过对比两张不同的图像，将两张图像中颜色相同的像素去除，从而得到透明的区域，实现抠像。
- 提取：通过抠出图像的指定亮度范围生成透明区域。
- 线性颜色键：通过 RGB 颜色信息或色相信息或色度信息，产生透明区域。
- 颜色范围：通过在 Lab、YUV 或 RGB 模式中抠出指定的颜色范围来创建透明效果。
- 颜色差值键：通过吸取两个不同的颜色，将图像划分为 A 遮罩和 B 遮罩。A 遮罩使透明度基于不含第二种不同颜色的图像区域，B 遮罩用于指定抠除的颜色。这两个遮罩合并为第三个遮罩，称为 α 遮罩。

AE 任务一　使用 Keylight（1.2）进行抠像

一、实施条件

（1）使用电脑安装相应版本的 AE 软件；
（2）准备好相应的素材文件（绿幕蝴蝶 .mov）。

二、实施步骤

1. Keylight（1.2）

Keylight（1.2）参数面板如图 2 - 5 - 3 所示。

（1）View（视图）：用于设置在合成监视窗中的预览方式。在右侧下拉菜单中可选择 11 种查看方式，默认为"Final Result"（最后结果）。

（2）Unpremultiply Result（非预乘结果）：使用预乘通道时，透明度信息不仅存储在 Alpha 通道中，也可存储在 RGB 通道中，后者乘以一个背景颜色，半透明区域的颜色将偏向于背景颜色。勾选该选项，图像为不带 Alpha 通道的显示方式。

（3）Screen Colour（屏幕颜色）：使用吸管工具吸取要抠除的颜色。

（4）Screen Gain（屏幕增益）：设定抠除效果的强弱，数值越大，抠除的程度越大。

（5）Screen Balance（屏幕均衡）：控制色调的均衡程度。绿幕抠像时默认值为 50，当数值 >50

使用 Keylight（1.2）
进行抠像

图 2 - 5 - 3　Keylight（1.2）参数面板

时，画面整体颜色会受到"Screen Colour"影响，显示偏绿；当数值 <50 时，受到 "Screen Colour"以外的颜色影响，显示偏紫。蓝幕抠像时默认值为 95。

（6）Despill Bias（反溢出偏差）：设置反溢出颜色的偏移。

（7）Alpha Bias（Alpha 偏差）：透明度偏移。

（8）Lock Biases Together（同时锁定偏差）：勾选该选项，可以锁定"Despill Bias" 与"Alpha Bias"。

（9）Screen Pre - blur（屏幕预模糊）：设置抠像 边缘的模糊效果，数值越大，模糊程度越高。一般 用于抑制画面的噪点。

（10）Screen Matte（屏幕蒙版）：用于微调蒙 版，可以更加精准地控制抠除的颜色范围。单击显 示下拉菜单，如图 2 - 5 - 4 所示。

图 2 - 5 - 4　屏幕蒙版下拉菜单

- Clip Black（消减黑色）：用于调整 Alpha 的 暗部。
- Clip White（消减白色）：用于调整 Alpha 的亮部。
- Clip Rollback（消减反转）：在使用消减黑色和消减白色对图像保留区进行调整时， 可以通过调整该参数恢复消减的部分图像。
- Screen Shrink / Grow（屏幕收缩 / 扩张）：用于设置蒙版的范围。
- Screen Softness（屏幕柔化）：对蒙版进行模糊处理，数值越大，柔化效果越明显。
- Screen Despot Black（屏幕独占黑色）：当屏幕中有黑色和灰色区域时，调整该参 数，去除黑色和灰色部分。
- Screen Despot White（屏幕独占白色）：当屏幕中有白色和灰色区域时，调整该参数， 去除白色和灰色部分。
- Replace Method（替换方式）：在右侧下拉菜单中可选择"None""Source""Hard Colour""Soft Colour"，如图 2 - 5 - 5 所示。
- Replace Colour（替换颜色）：吸取需要替换的颜色。

（11）Inside Mask（内侧蒙版）：防止从图像中抠取的颜色与"Screen Colour"相 近而被抠除，绘制蒙版后，可使蒙版区域在抠像时保持不变，其参数面板如图 2 - 5 - 6 所示。

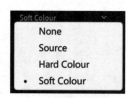

图 2 - 5 - 5　替换方式

图 2 - 5 - 6　内侧蒙版参数面板

- Inside Mask（内侧蒙版）：选择保留区域的蒙版。
- Inside Mask Softness（内侧蒙版柔化）：设置蒙版的柔化程度。
- Invert（翻转）：选中该项，反转蒙版方向。
- Replace Method（替换方式）：设置溢出边缘区域颜色的替换方式，在右侧下拉菜 单中可选择"None""Source""Hard Colour""Soft Colour"。

- Replace Colour（替换颜色）：设置溢出边缘区域颜色的补救颜色。
- Source Alpha（源 Alpha）：在右侧下拉菜单中可选择"Ignore""Add To Inside Mask""Normal"三种选项。

（12）Outside Mask（外侧蒙版）：功能与"Inside Mask"相反，用于将蒙版区域整体抠除，其参数面板如图 2 - 5 - 7 所示。

图 2 - 5 - 7　外侧蒙版参数面板

- Outside Mask（外侧蒙版）：设置作为外部边缘的蒙版。
- Outside Mask Softness（外侧蒙版柔化）：设置蒙版的柔化程度。
- Invert（翻转）：选中该项，反转蒙版方向。

（13）Foreground Colour Correction（前景色校正）：用于校正抠取的图像内部颜色，其参数面板如图 2 - 5 - 8 所示。

- Enable Colour Correction（前景色校正）：选中该项，可设置下面的"Saturation"（饱和度）、"Contrast"（对比度）、"Brightness"（亮度）。
- Colour Suppression（颜色抑制）：颜色抑制。
- Suppress：在右侧下拉菜单中可选择"None""Red""Green""Blue""Cyan""Magenta""Yellow"7 种抑制色，如图 2 - 5 - 9 所示。

图 2 - 5 - 8　前景色校正参数面板

图 2 - 5 - 9　"Suppress"下拉菜单

- Suppression Balance（抑制平衡）：调整抑制平衡。
- Suppression Amount（抑制量）：调整抑制量。

（14）Edge Colour Correction（边缘颜色校正）：用于调整蒙版边缘的颜色和范围，其参数面板如图 2 - 5 - 10 所示。

- Enable Edge Colour Correction（启用边缘颜色校正）：选中该项，可设置下面的"Edge Hardness"（边缘锐化值）、"Edge Softness"（边缘柔化值）、"Edge Grow"（向内或向外扩张边缘）、"Saturation"（饱和度）、"Contrast"（对比度）、"Brightness"（亮度）。
- Edge Colour Suppression（边缘颜色抑制）：边缘颜色抑制。
- Suppress：在右侧下拉菜单中可选择"None""Red""Green""Blue""Cyan""Magenta""Yellow"7 种抑制色，如图 2 - 5 - 11 所示。

图 2-5-10 边缘颜色校正参数面板

图 2-5-11 "Suppress"下拉菜单

（15）Source Crops（源剪裁）：可通过选项中的参数剪裁画面，其参数面板如图 2-5-12 所示。

- X Method（X 方向）：在右侧下拉菜单中可选择"Colour""Repeat""Reflect""Wrap"，如图 2-5-13 所示。

图 2-5-12 源剪裁参数面板

图 2-5-13 "X Method"下拉菜单

- Y Method（Y 方向）：在右侧下拉菜单中可选择"Colour""Repeat""Reflect""Wrap" 4 种。
- Edge Colour（边缘颜色）：可以使用吸管工具设置剪裁部分的边缘颜色。
- Left（左侧数值）。
- Right（右侧数值）。
- Top（顶部数值）。
- Bottom（底部数值）。

2. 抠出绿幕蝴蝶

抠像前的效果如图 2-5-14 所示。将对应素材"绿幕蝴蝶 .mov"拖拽至时间线面板，执行"效果"—"Keying"—"Keylight（1.2）"，在"Screen Colour"处使用吸管工具吸取要抠除的颜色。右击选择"新建"—"纯色"—"选择白色"，发现画面中的颜色并未抠干净，需要调整，如图 2-5-15 所示。

图 2-5-14 抠像前效果

图 2-5-15 抠像过程图

使用"Keylight（1.2）"的"Screen Matte（屏幕蒙版）"微调蒙版，并选中"Enable Edge Colour Correction"启用边缘颜色校正，可以更加精准地控制抠除的颜色范围，具体参数可根据需要进行调整。调整后效果如图 2-5-16 所示。

图 2-5-16 调整后效果

任务二 使用内部／外部键进行毛躁边缘物体抠像

一、实施条件

（1）使用电脑安装相应版本的 AE 软件；
（2）准备好相应的素材文件（猫 .jpg）。

使用内部／外部键
进行毛躁边缘物体
抠像

二、实施步骤

1. 内部／外部键效果

内部／外部键效果运用内部蒙版路径和外部蒙版路径来确定要抠出来的物体范围，其参数面板如图 2-5-17 所示。

图 2-5-17 内部／外部键参数面板

- 前景（内部）：用于对图像的前景进行设定，在这一选项内的素材将作为整体图像的前景使用。
- 其他前景：用于指定更多的前景，最多可再添加 10 个蒙版作为前景层。
- 背景（外部）：用于对图像的背景进行设定，在这一选项内的素材将作为整体图像的背景使用。
- 其他背景：可以指定更多的背景，最多可再添加 10 个蒙版作为背景层。

- 单个蒙版高光半径：当只有一个蒙版时，用于控制蒙版周围边界的大小。
- 清理前景：用于沿蒙版增加不透明度。
- 清理背景：用于沿蒙版减少不透明度。
- 薄化边缘：对图像边缘的厚度进行设定。
- 羽化边缘：对图像边缘进行羽化。
- 边缘阈值：对图像边缘容差值大小进行设定。
- 反转提取：勾选该复选框，将对前景和背景进行反转。
- 与原始图像混合：用于对效果和原始图像的混合数值进行调整，当数值为 100% 时则会只显示原始图像。

2 从背景中提取猫

调整前的效果如图 2-5-18 所示。将对应素材"猫 .jpg"拖拽至时间线面板，运用钢笔工具绘制两个蒙版，如图 2-5-19 所示。"蒙版 1"（蓝色线条）为外部蒙版，"蒙版 2"（黄色线条）为内部蒙版。

图 2-5-18 调整前效果

图 2-5-19 运用钢笔工具绘制蒙版

在时间线面板中展开"猫 .jpg"图层下的"蒙版"，"蒙版 1""蒙版 2"的轨道遮罩设置为"无"，如图 2-5-20 所示。

图 2-5-20 轨道遮罩设置

小贴士

使用内部 / 外部键绘制的蒙版不需要完全贴合对象的边缘，轨道遮罩的模式需要设置为"无"。

执行"效果"—"抠像"—"内部/外部键"。"前景（内部）"设置为"蒙版 2"，"背景（外部）"设置为"蒙版 1"。在"清理背景"中选择"清理 1"，路径选择"蒙版 1"，"画笔半径"设置为 5，调整后的效果如图 2 - 5 - 21 所示。

图 2 - 5 - 21　调整后效果

任务三　使用颜色差值键进行抠像

一、实施条件

（1）使用电脑安装相应版本的 AE 软件；
（2）准备好相应的素材文件（古民居 .jpg、天空 .mp4）。

使用颜色差值键
进行抠像

二、实施步骤

1. 颜色差值键效果

通过吸取两个不同的颜色，将图像划分为 A 遮罩和 B 遮罩。B 遮罩用于指定抠除的颜色，使透明度基于指定的主色；A 遮罩使透明度基于不含第二种不同颜色的图像区域。合并这两个遮罩就创建了 α 遮罩。颜色差值键参数面板如图 2 - 5 - 22 所示。

● 预览：同时显示两个缩览图。左侧的缩览图为源图像；右侧的缩览图可选择显示"A""B""α（Alpha）"中的一种遮罩。

两个缩览图中间还有三个吸取工具：

最上面的吸取工具 ：吸取画面中的颜色作为主色。

中间的吸取工具 ：在遮罩视图内黑色区域中最亮的位置单击指定透明区域，调整最终输出的透明度值。

最下面的吸取工具 ：在遮罩视图内白色区域中最暗的位置单击指定不透明区域，调整最终输出的不透明度值。

● 视图：在合成监视窗中的预览方式。在右侧下拉菜单中可选择"有源""未校正遮罩部分 A""已校正遮罩部分 A""未校正遮罩部分 B""已校正遮罩部分 B""未校正遮罩""已校正遮罩""最终输出"。

图 2-5-22　颜色差值键参数面板

- 主色：设置抠取的主色，指定抠除的颜色。单击吸管工具，可以吸取屏幕上的颜色。
- 颜色匹配准确度：用于对图像中颜色的精确度进行调整。在右侧下拉菜单中有"更快"和"更准确"两个选项。选择"更快"会使渲染速度更快，选择"更准确"会增加渲染时间，但可以输出更好的抠像结果。

下方的各类参数中，与"黑色"相关的参数用于调整每个遮罩的透明度；与"白色"相关的参数用于调整每个遮罩的不透明度。

- 黑色区域的 A 部分：控制 A 通道中的透明区域。
- 白色区域的 A 部分：控制 A 通道中的不透明区域。
- A 部分的灰度系数：对图像中的灰度值进行平衡调整。
- 黑色区域外的 A 部分：控制 A 通道中透明区域的不透明度。
- 白色区域外的 A 部分：控制 A 通道中不透明区域的不透明度。
- 黑色的部分 B：控制 B 通道中的透明区域。
- 白色区域中的 B 部分：控制 B 通道的不透明区域。
- B 部分的灰度系数：对图像中的灰度值进行平衡调整。
- 黑色区域外的 B 部分：控制 B 通道中透明区域的不透明度。
- 白色区域外的 B 部分：控制 B 通道中不透明区域的不透明度。
- 黑色遮罩：控制透明区域的范围。
- 白色遮罩：控制不透明区域的范围。
- 遮罩灰度系数：控制透明度遵循线性增长的严密程度。该数值为 1（默认值）时，呈线性增长；为其他数值时，则呈非线性增长，以进行特殊调整或达到某种视觉效果。

如果抠取出的图像仍有其他颜色存在，则再次应用"简单阻塞工具"或"遮罩阻塞工具"进行精细调整。

2. 调整古民居天空

调整前的效果如图 2-5-23 所示。将对应素材"古民居 .jpg"拖拽至时间线窗口。执行"效果"—"抠像"—"颜色差值键"，使用最上面的吸取工具 ，吸取画面中天空的颜色作为主色。此时发现画面中的颜色并未抠干净，需要调整。在"视图"右侧下拉菜单中选择"已校正遮罩"，调整效果如图 2-5-24 所示。

图 2-5-23　古民居图片调整前效果

图 2-5-24　使用已校正遮罩效果

选择中间的吸取工具 ，将鼠标移动至画面中的天空位置并单击，画面中天空的黑色范围增多，透明区域随之增加，可根据需要，重复该操作。随着操作，其他建筑的部分区域也变成黑色，如图 2-5-25 所示。选择最下面的吸取工具 ，将鼠标移动至画面中建筑的位置，在遮罩视图内白色区域中最暗的位置单击指定不透明区域，可根据需要，重复该操作，如图 2-5-26 所示。调整效果如图 2-5-27 所示。

图 2-5-25　在黑色区域中指定透明区域

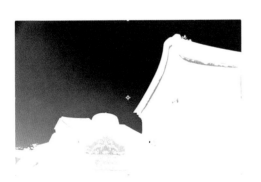

图 2-5-26　调整最终输出的不透明度值

图 2-5-27　调整效果

在时间线窗口中，右击执行"新建"—"纯色"—"选择白色"，如图 2 - 5 - 28 所示。

图 2 - 5 - 28　新建白色纯色层

将对应素材"天空 .mp4"拖拽至时间线窗口，如图 2 - 5 - 29 所示，并调整视频画面大小。选择古民居"颜色差值键"效果，在"视图"右侧下拉菜单中选择"最终输出"，调整后的效果如图 2 - 5 - 30 所示。

图 2 - 5 - 29　将素材"天空 .mp4"拖拽至时间线窗口

图 2 - 5 - 30　调整后效果

AE 任务四　颜色校正与抠像控件的综合运用实训

颜色校正与抠像
控件的综合运用

一、实施条件

（1）使用电脑安装相应版本的 AE 软件；

（2）准备好相应的素材文件（天空 .mp4、羊卓雍措 .jpg、标题 .psd、底版 .psd）。

二、实施步骤

（1）调整前的图片天空阴霾，云朵杂乱，山峰颜色灰暗枯黄，照片整体显得阴郁，如图 2 - 5 - 31 所示。将 4 个素材全部拖入项目窗口，如图 2 - 5 - 32 所示。

新建合成，设置合成名称为"合成 1"，具体参数如图 2 - 5 - 33 所示。

图 2 - 5 - 31　调整前效果

图 2 - 5 - 32　时间线面板

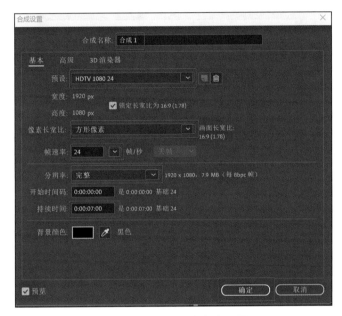

图 2 - 5 - 33　新建合成设置

小贴士

　　合成的各项参数，可以根据不同的播放媒体进行调整，不是固定的。本案例设置参数仅供参考。

将对应的 4 个素材都拖拽至时间线窗口，排列顺序如图 2 - 5 - 34 所示。

图 2 - 5 - 34　时间线窗口

（2）在时间线窗口，选择"羊卓雍措.JPG"。由于是阴天，云朵较多，导致画面阴霾，因此需要对画面的天空进行处理。

运用钢笔工具绘制两个蒙版，如图 2-5-35 所示。其中，"蒙版 1"（绿色线条）为内部蒙版，"蒙版 2"（黄色线条）为外部蒙版。在时间线中展开"羊卓雍措.jpg"图层下的"蒙版"，"蒙版 1""蒙版 2"的轨道遮罩设置为"无"，如图 2-5-36 所示。

图 2-5-35 钢笔工具绘制蒙版

图 2-5-36 设置时间线蒙版遮罩

执行"效果"—"抠像"—"内部/外部键"命令，"前景（内部）"设置为"蒙版 1"，"背景（外部）"设置为"蒙版 2"。在"清理前景"中选择"清理 1"，"路径"选择"蒙版 1"，"画笔半径"设置为 8，如图 2-5-37 所示。在"清理背景"中选择"清理 1"，"路径"选择"蒙版 2"，"画笔半径"设置为 10，如图 2-5-38 所示。

图 2-5-37 内部/外部键参数设置

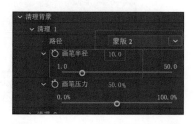

图 2-5-38 "清理背景"设置

（3）在时间线窗口中，选择"天空.mp4"，将素材调整成适合屏幕的大小。由于视频素材播放速度较快，需要调整播放速度。右击"天空.mp4"的时间线，执行"时间"—"时间伸缩"，调整"拉伸因数"为200，如图2-5-39所示。

"天空.mp4"视频素材比较灰暗，需要进行一定的调色。执行"效果"—"颜色校正"—"亮度和对比度"命令，调整"亮度"为30，如图2-5-40所示。

图2-5-39　时间伸缩设置

图2-5-40　亮度和对比度设置

调整后，画面中天空蓝色的饱和度不高，执行"效果"—"颜色校正"—"色相/饱和度"命令，调整"主饱和度"为30，如图2-5-41所示。

（4）此时画面中的山峰颜色和画面不是很和谐，因此对"羊卓雍措.jpg"图层的山体颜色进行调整。执行"效果"—"颜色校正"—"曲线"命令，调整通道为"绿色"，往左上角移动曲线，然后调整通道为"红色"，往右下角移动曲线，使画面整体色调一致，如图2-5-42所示。

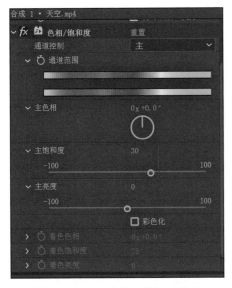

图2-5-41　色相/饱和度设置

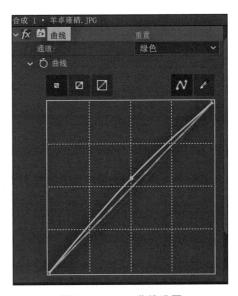

图2-5-42　曲线设置

调整后的整体画面效果如图 2 - 5 - 43 所示。

图 2 - 5 - 43　调整后整体画面效果

（5）加入标语，选择"标题 .psd"。进行"缩放"调整，如图 2 - 5 - 44 中的红色序号所示。将时间标签放在时间线 00:00 的位置，单击"缩放"前的小闹钟 🕐，在时间线上对应的"缩放"进度条会显示一个关键帧，设置"缩放"的数值为"0.0，0.0%"。

图 2 - 5 - 44　时间线窗口

进行"不透明度"调整，如图 2 - 5 - 44 中的黄色序号所示。将时间标签放在时间线 00:00 的位置，单击"不透明度"前的小闹钟 🕐，在时间线上对应的"不透明度"进度条会显示一个关键帧，设置【不透明度】的数值为 30%。

再次将时间标签放在时间线 02:00 的位置，如图 2 - 5 - 44 中的绿框所示。单击"缩放"按键前的小闹钟 🕐，在时间线上对应的"缩放"进度条会显示一个关键帧，设置"缩放"的数值为"100.0，100.0%"。

再次将时间标签放在时间线 02:00 的位置，如图 2 - 5 - 44 中的蓝框所示。单击"不透明度"前的小闹钟 🕐，在时间线上对应的"不透明度"进度条会显示一个关键帧，设置"不透明度"的数值为 100%。

设置完成后整体界面如图 2 - 5 - 45 所示。

（6）随后对标语进行修饰，选择"底版 .psd"。进行"缩放"调整，如图 2 - 5 - 46 中的红色序号所示。将时间标签放在时间线 01:00 的位置，单击"缩放"前的小闹钟 🕐，在时间线上对应的"缩放"进度条会显示一个关键帧，设置"缩放"的数值为"30.0，30.0%"。

进行【不透明度】调整，如图 2 - 5 - 46 中的黄色序号所示。将时间标签放在时间线 01:00 的位置，单击"不透明度"前的小闹钟 🕐，在时间线上对应的"不透明度"进度条会显示一个关键帧，设置"不透明度"的数值为 0%。

图 2 - 5 - 45 设置完成后整体界面 1

图 2 - 5 - 46 时间线窗口

再次将时间标签放在时间线 02：00 的位置，单击"缩放"前的小闹钟 ，在时间线上对应的"缩放"进度条会显示一个关键帧，如图 2 - 5 - 46 中的绿框所示，设置"缩放"的数值为"100.0，100.0%"。

再次将时间标签放在时间线 02：00 的位置，单击"不透明度"前的小闹钟 ，在时间线上对应的"不透明度"进度条会显示一个关键帧，如图 2 - 5 - 46 中的绿框所示，设置"不透明度"的数值为 100%。

设置完成后的整体界面如图 2 - 5 - 47 所示。

图 2-5-47　设置完成后整体界面 2

调整后的最后效果如图 2-5-48 所示。

（7）执行"合成"—"添加到渲染队列"，如图 2-5-49 所示。

图 2-5-48　调整后效果

图 2-5-49　添加到渲染队列

在"渲染队列"中设置参数，"输出模块"选择"自定义：QuickTime"，"输出到"根据需求指定保存的路径。最后，单击"渲染"，得到对应视频，如图 2-5-50 所示。

图 2 - 5 - 50 渲染输出视频

小贴士

"添加到渲染队列"快捷键为 Ctrl+M。

任务评价

该实训任务考核评价见表 2 - 5 - 2。

表 2 - 5 - 2 使用 AE 制作"绿水青山就是金山银山"视频片头实训任务考核指标

考核内容	考核点	分值	评分内容	自评	互评	师评	企业
AE 控件的使用	颜色校正控件的使用	5	不会选择合适的颜色校正效果 –3；操作有误 –2				
	抠像控件的使用	5	不会选择合适的抠像效果 –3；操作有误 –2				
AE 图层颜色校正、抠像效果与图层设置	使用钢笔工具创建蒙版	10	无法使用钢笔工具进行蒙版创建 –8；使用钢笔工具创建的蒙版不完整 –2				
	内部 / 外部键的使用	15	蒙版连接错误 –10；清理前景 / 背景不完全 –5				
	亮度和对比度的设置	10	画面处理过曝 –3；画面色彩严重不匹配 –5；尝试调整亮度和对比度，但效果不佳 –2				
	色相 / 饱和度的设置	10	画面色彩严重不匹配 –8；尝试调整色相 / 饱和度，但效果不佳 –2				
	曲线的设置	10	画面色彩严重不匹配 –8；尝试进行曲线设置，但效果不佳 –2				
	不透明度的设置	10	没有建立关键帧 –2；只建立一个关键帧 –2；建立两个关键帧但值一样 –2；无法正确使用不透明度工具配合制作动画 –2；尝试进行不透明度设置，但效果不佳 –2				
	缩放的设置	10	没有建立关键帧 –2；只建立一个关键帧 –2；建立两个关键帧但值一样 –2；无法正确使用缩放工具配合制作动画 –2；尝试进行缩放设置，但效果不佳 –2				
图层关键帧制作	修改图层关键帧参数	5	不会设置关键帧 –4；不会修改关键帧参数 –1				
影片的渲染输出	将制作完成的合成进行渲染	5	不会渲染视频 –3；导出视频参数有误 –2；				

续表

考核内容	考核点	分值	评分内容	自评	互评	师评	企业
片头总体效果的把控	对画面质量的把控精益求精，力求完美	5	抠像后细节处理不完美 –2； 抠像后没有调色，以对画面总体进行把控 –3				
探索与技能提升	积极探索不同视频类型适用的抠像效果与技巧	附加分	总结不同视频类型适用的抠像效果与技巧 +5； 尝试更多抠像效果 +3				
总分							

课后拓展

常用的 AE 抠像技巧如下：

（1）使素材的光照均匀，可调整对单独一个帧的抠像控制。选择场景中最复杂的帧，即包含丰富细节（例如头发以及玻璃等透明物体或者烟等半透明物体）的一个帧。如果光照不变，则应用于第一个帧的设置将应用于后续所有帧。如果光照发生变化，可能需要调整对其他帧的抠像控制。将第一组抠像属性的关键帧置于场景开头处。如果我们仅为一个属性设置关键帧，可使用线性插值。对于需要为多个相互作用的属性设置关键帧的素材，可使用定格插值。如果为抠像属性设置关键帧，则可能需要逐帧检查结果。若显示中间抠像值，则可能生成意外结果。

（2）要抠取在彩色屏幕前拍摄的光照均匀的素材，可首先使用"颜色差值键"抠像，然后添加高级溢出抑制器效果移除抠色的痕迹，最后使用一个或多个其他遮罩效果（如果需要）。如果对结果不满意，可尝试再次从线性抠色开始。

（3）要抠取在多种颜色前拍摄的光照均匀的素材，或者在绿屏或蓝屏前拍摄的光照不均匀的素材，可从颜色范围抠像开始，然后添加高级溢出抑制器和其他效果来优化遮罩。如果对结果不满意，可尝试使用线性抠色。

练习提高

1. 单选题

（1）吊威亚用的钢丝常用（　　　）控件进行抠除。

A. Mocha AE

B. CC Simple Wire Removal

C. CC Glass

D. CC Glass Wipe

（2）Keylight（1.2）的 View（视图）设置在合成监视窗中的预览方式默认为（　　　）视图。

A. Final Result

B. Source

C. Screen Matte

D. Intermediate Result

2. 判断题

（1）使用"Screen Balance"（屏幕均衡）绿幕抠像时默认值为 50，当数值 >50 时，画面整体颜色会受到"Key Cleaner"影响，显示偏绿。（　　　）

（2）使用"内部 / 外部键"绘制的蒙版不需要完全贴合对象的边缘，遮罩的模式需要设置为"无"。（   ）

3. 填空题

"抠像"菜单中提供了大量对图像进行调整的方法，包括 Advanced Spill Suppressor、CC Simple Wire Removal、Key Cleaner、_____、_____、_____、_____、_____、_____ 等。

4. 操作题

根据"绿水青山就是金山银山"视频简单片头，使用对应素材完成"山"小片段。提交以下文件：

（1）上传"山"的 AE 工程文件（文件以"学号姓名 AE5-1.aep"命名，如：230123201 张三 AE5-1.aep）；

（2）请把合成渲染输出为 MOV 格式文件并提交（文件以"学号姓名 AE5-1.mov"命名）。

学习笔记

6 项目六　认定目标不变——AE 跟踪与稳定

知识目标：理解 AE 跟踪与稳定的基本原理和相关知识，识记跟踪点的组成部分，明白跟踪器的计算规则，熟悉各种跟踪方法的适用场合。

能力目标：能使用一个跟踪点跟踪位置，使用两个跟踪点跟踪缩放和旋转，使用四个跟踪点执行使用边角定位的跟踪；能根据素材特点和预期效果选择合适的跟踪方法；能处理常见的摇晃拍摄的素材，使其画面稳定。

素质目标：打下扎实的专业基础，养成精益求精的职业追求，掌握以问题为导向的工作方法。

情境导入

晓晓认为自己拍摄技术还不错，有一次拍摄视频作业时没有带稳定设备，后来将视频导出到电脑上才发现画面晃动，而有的画面无法重新拍摄。这时舍友东东看到了，建议那几个没办法重拍的镜头，可以试试用 AE 做稳定处理，于是，两人着手研究 AE 的跟踪与稳定。

工作任务

通过 AE 的稳定运动改善晃动的画面，通过一个跟踪点跟踪唢呐的位置信息，通过两个跟踪点跟踪黑板的位置与缩放，通过四个跟踪点跟踪相册的边角变形。效果规划见表 2-6-1。

表 2 - 6 - 1　使用跟踪与稳定制作民乐演奏视频效果规划

被跟踪的图层	跟踪的点	跟踪的图层	备注
唢呐	墙上不动的点	唢呐	稳定
唢呐稳定	唢呐	划线 – 形状图层；唢呐 – 文字图层	一个跟踪点，文字层可用父级
	墙上不动的点	唢呐独奏 – 文字图层	两个跟踪点
相册	四个边角	制作完以上跟踪效果的唢呐	四个跟踪点

知识储备

跟踪与稳定的基本概念和相关知识

一、运动跟踪

通过运动跟踪，我们可以实现：（1）跟踪对象的运动，并将该运动的跟踪数据应用于另一个对象（例如另一个图层或效果控制点）来创建图像和效果在其中跟随运动的合成。（2）稳定运动，跟踪数据用来使被跟踪的图层动态化（例如位移、旋转、缩放），以针对该图层中对象的运动进行补偿。（3）使用表达式将属性链接到跟踪数据。

二、跟踪点

用于追踪被跟踪图层的某一个位置或某一区域，收集该位置动态信息，以便于跟踪图层的锚点与此跟踪点产生动态化关联。每个跟踪点包含一个特性区域、一个搜索区域和一个附加点，如图 2 - 6 - 1 所示。

1. 特性区域

特性区域定义图层中要跟踪的元素。特性区域应当围绕一个与众不同的可视元素，最好是现实世界中的一个对象。不管光照、背景和角度如何变化，AE 在整个跟踪持续期间都必须能够清晰地识别被跟踪特性。

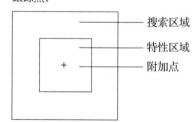

图 2 - 6 - 1　跟踪点组件

2. 搜索区域

搜索区域定义 AE 为查找跟踪特性而要搜索的区域。被跟踪特性只需要在搜索区域内与众不同，不需要在整个帧内与众不同。将搜索限制到较小的搜索区域可以节省搜索时间并使搜索过程更为轻松，但存在的风险是所跟踪的特性可能完全不在帧之间的搜索区域内。

3. 附加点

附加点指定目标的附加位置（图层或效果控制点），以便与跟踪图层中的运动特性同步。

4. 跟踪器

一组跟踪点构成一个跟踪器。

任务实施

AE 任务一　稳定素材画面

一、实施条件

（1）使用电脑安装相应版本的 AE 软件；

（2）准备好相应的素材文件（唢呐 .mp4）。

稳定素材画面

二、实施步骤

1. 导入素材并设置出入点

打开 AE 软件，导入素材唢呐，并将其拖动到时间线上，建立一个合成，命名为
"唢呐稳定"，在 7s18f 处设置为工作区域入点（快捷键 B）。在时间线工作区域单击鼠标
右键，选择"将合成修剪到工作区域"；或选中合成，在菜单栏中选择"合成"—"将合
成裁剪到工作区（W）"（快捷键 Ctrl+Shift+X）。

2. 添加"稳定运动"

双击图层"唢呐"，在图层监视窗中打开该图层。打开跟踪器面板，添加"稳定运
动"，这时，系统为唢呐图层添加了运动跟踪器，在跟踪器面板中勾选"位置"和"旋
转"，如图 2 - 6 - 2 所示。

　　思考：这里为什么要同时勾选"位置"和"旋转"呢？如果勾选了"缩放"会产生
什么结果呢？

　　答：通过播放视频素材可以观察到，本例中的素材具有＿＿＿＿＿＿＿＿的特
点。所以需要＿＿＿＿＿＿＿＿才能将素材恢复到稳定状态。如果勾选了"缩放"，
则＿＿＿＿＿＿＿＿。

3. 调整跟踪点的位置

分别将两个跟踪点移动到墙上两个有别于其他点的独特位置，并调整跟踪点的特性
区域与搜索区域，这两个跟踪点的位置及形状可参考图 2 - 6 - 3。

图 2 - 6 - 2　跟踪器面板

图 2 - 6 - 3　稳定器两个跟踪点的位置及形状参考

在做稳定处理时，选取跟踪点应注意：（1）选择"在稳定情况下，在画面中本该静止不动"的点，如墙面装饰物、家具、建筑物等；（2）选择的点应该有别于其他的点，具有独特性，这样，计算机在分析跟踪点时，不容易误判而产生跟踪错误。

4. 向前分析

单击"向前分析"按钮 ▶，如图 2-6-4 所示，耐心等待 AE 逐帧向前分析跟踪点，直至播放头到达最后一帧。

图 2-6-4　稳定器面板"向前分析"按钮

（1）如果 AE 还没分析完，不小心点了其他地方导致分析中断，那就继续单击"向前分析"按钮，等待 AE 分析到最后一帧。

（2）AE 分析完成后，请检查时间线上的跟踪点关键帧是否覆盖了时间线，如图 2-6-5 所示。

图 2-6-5　跟踪点关键帧覆盖了时间线

（3）请检查"运动目标"是否显示的是做稳定处理的图层本身，如果不是，则可能是"跟踪类型"选错了，请进行相应的修改。

5. 应用分析的结果以稳定画面

单击稳定器面板的"应用"按钮，选择应用维度为"X 和 Y"，如图 2-6-6 所示。单击"确定"按钮后，AE 会对刚才分析的跟踪点信息进行处理，最终 AE 处理的结果让跟踪点在画面中固定不变，画面其他的位置配合跟踪点做锚点的关键帧信息变化。

图 2-6-6　动态跟踪器应用选项

6. 调整相应的位置信息

预览效果，我们会看到镜头在变焦过程中，由于跟踪点被固定，导致视频画面在变焦后固定在合成画面的左下角。这时，我们可以选择为变焦开始与结束时的位置属性各设置一个关键帧，让画面在变焦过程中始终在合成画面的中间。位置属性两个关键帧参考值为：7s18f（153.07，685）和 11s11f（183.07，600）。

7. 新建合成

将项目窗口中初步稳定的合成"唢呐稳定"拖拽至"新建合成"按钮，这时会新建一个合成"唢呐稳定 2"，将其重命名为"唢呐稳定后缩放"。

8. 观察画面效果，调整相应的缩放与位置信息

预览新合成的效果，注意观察出现黑边的位置和大小，对新合成里的"唢呐稳定"图层的缩放和位置属性做总体设置（注意，是总体设置，不要做关键帧设置），使画面最终不出现黑边（注意缩放值不应过大，以免损失画质）。位置属性参考值为（266，350），缩放属性参考值为（106，106%）。缩放和位置的属性值应根据自己画面的效果灵活处理，缩放属性值建议不超过 110%。

 任务二　使用一个跟踪点制作文字跟踪唢呐运动

一、实施条件

（1）使用电脑安装相应版本的 AE 软件；
（2）准备好相应的合成（唢呐稳定、唢呐稳定后缩放）。

使用一个跟踪点
制作文字跟踪
唢呐运动

二、实施步骤

1. 新建空图层以作为跟踪图层

打开合成"唢呐稳定后缩放"的时间线，在菜单栏中选择"图层"—"新建"—"空对象"（快捷键 Ctrl+Shift+Alt+Y），如图 2-6-7 所示，新建一个空对象图层，重命名为"跟踪层"。

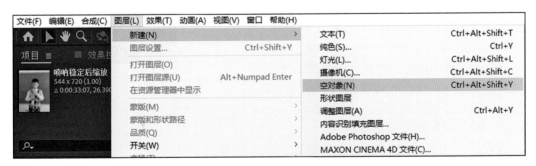

图 2-6-7　为合成"唢呐稳定后缩放"添加空对象图层

2. 添加"跟踪运动"

在合成"唢呐稳定后缩放"时间线上，选中"唢呐稳定"图层，打开跟踪器面板并添加"跟踪运动"。这时，图层监视窗被激活，显示了"唢呐稳定"图层。因为该图层

以合成"唢呐稳定"作为素材,所以图层监视窗的图层颜色方块显示了对应的深卡其色,并为该图层添加了动态跟踪器,如图 2-6-8 所示。

小贴士

　　在为以合成作为素材的图层添加跟踪运动时,不应直接双击该图层,因为双击该图层无法直接打开图层监视窗,而是打开了该图层的素材合成时间线和合成监视窗。要为以合成作为素材的图层添加跟踪或稳定运动时,需要直接选中该图层,并在跟踪器面板添加相应的运动,才能成功地继续操作。

图 2-6-8　为图层添加动态跟踪器

3. 调整跟踪点的位置

　　将播放头移动至 10s 左右的位置,将跟踪点移动到唢呐上一个有别于其他特征点的位置,并调整跟踪点的特征区域与搜索区域,跟踪点的位置及形状可参考图 2-6-9。

4. 向前分析

　　单击"向前分析"按钮,耐心等待 AE 逐帧向前分析跟踪点,大约分析 10s 左右即可停下来。

5. 选择跟踪层

　　在跟踪器面板中选择"运动目标"为刚才新建的空图层"跟踪层",并单击"应用"按钮,选择应用维度为"X 和 Y",单击"确定"按钮后,AE 对刚才分析的跟踪点信息进行处理,最终 AE 处理的结果是让空图层"跟踪层"的锚点跟随跟踪的附加点进行运动。

图 2-6-9　图层跟踪点的位置及形状参考

6. 新建形状图层,跟随唢呐运动

　　设置形状工具的填充与描边,如图 2-6-10 所示,具体操作为:单击工具栏蓝色"填充"字样按钮,弹出"填充选项"对话框,选择"无";单击工具栏蓝色"描边"字样按钮旁的"描边颜色"按钮,选择白色;设置描边宽度为 3 ~ 5 像素。新建一个"_/"的形状,重命名此形状图层为"连线"。

　　将该形状图层的父级设置为空图层"跟踪层",预览视频效果,发现连线位置可能不是预想位置,这是由于跟踪点和父级都是以锚点来进行位置校准的,所以需要在该形状

图 2 - 6 - 10 　填充与描边的设置

图层或者其父级空图层的变换属性组里改变锚点属性值，使连线到达唢呐位置。再次预览，可以看到连线跟着唢呐一起运动了。

7. 新建文字图层以跟随唢呐运动

选择文字工具（快捷键 Ctrl+T），选择合适的白色字体样式与大小，输入"唢呐"。将该文字图层的父级设置为空图层"跟踪层"或形状图层"连线"，预览视频效果，发现文字位置可能不是预想位置，需要在该文字图层的变换属性组里改变锚点属性值，使文字在连线左侧位置。再次预览，可以看到文字"唢呐"跟着连线一起运动了。最后，重命名此文字图层为"文字唢呐"。

8. 制作连线与文字展开出现与消失的效果

将播放头移动到空图层"跟踪层"位置属性的第一个关键帧处，即跟踪点最开始记录信息的关键帧位置（10s 左右），将其设为形状图层"连线"的入点。

在形状图层"连线"的属性组"内容"右侧添加"修剪路径"，设置结束属性的两个关键帧（第一个关键帧值为 0%，第二个关键帧值为 100%），使形状从无到有展开。修改属性组"内容"—"形状 1"—"描边 1"—"线段端点"为"圆头端点"。

在形状图层属性组"内容"—"修剪路径"的结束属性第二个关键帧处，设置文字图层"文字唢呐"的入点。为文字图层添加闭合路径的遮罩，并设置遮罩路径的两个关键帧，使文字呈现配合连线出现后马上从右到左展开出现的效果。

在文字出现后 3s，制作文字从左往右收回，接着连线也收回唢呐处的效果。最终时间线上的关键帧如图 2 - 6 - 11 所示。

图 2 - 6 - 11 　制作连线与文字展开出现与消失效果的关键帧

选做提高

为使连线与文字出现与消失的动作更具有高级感，大家可以尝试用项目八高级运动控制中介绍的图表编辑器来进行调整。

AE 任务三 使用两个跟踪点制作文字跟踪黑板运动

使用两个跟踪点
制作文字跟踪
黑板运动

一、实施条件

（1）使用电脑安装相应版本的 AE 软件；
（2）准备好相应的合成（唢呐稳定、唢呐稳定后缩放）。

二、实施步骤

1. 新建标题文字图层以作为跟踪层

打开合成"唢呐稳定后缩放"时间线，选择文字工具（快捷键 Ctrl+T），分行输入文字"唢呐独奏福建民歌《采茶舞蝶》"，新建文字图层并重命名为"标题文字"。

2. 添加"跟踪运动"

在合成"唢呐稳定后缩放"时间线上，选中"唢呐稳定"图层，打开跟踪器面板，添加"跟踪运动"，并在跟踪器面板中勾选"缩放"。这时，图层监视窗出现第二个跟踪点。

3. 调整跟踪点的位置

将播放头移动到合成时间线开始位置，分别将两个跟踪点移动到墙上两个有别于其他特征点的位置，并调整跟踪点的特性区域与搜索区域，这两个跟踪点的位置及形状可参考图 2 - 6 - 12。

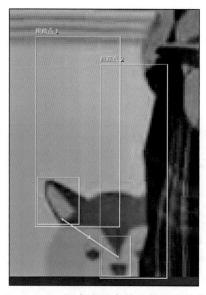

图 2 - 6 - 12　两个跟踪点的位置及形状参考

小贴士

在调整跟踪点位置时可以放大画面，以更精细地进行调整，图 2-6-12 为放大率 400% 的显示效果。

4. 向前分析

单击"向前分析"按钮，耐心等待 AE 逐帧向前分析跟踪点，直到时间线最后一帧。

5. 选择跟踪层

在跟踪器面板选择"运动目标"为刚才新建的文字图层"标题文字"，并单击"应用"按钮，选择应用维度为"X 和 Y"，单击"确定"按钮后，AE 对刚才分析的跟踪点信息进行处理，最终 AE 处理的结果是让文字图层"标题文字"的锚点跟随跟踪的附加点进行运动。预览视频效果，在该文字图层的变换属性组里改变锚点属性值，使文字到达黑板合适的位置。为了使字更像写在黑板上的粉笔字，可以调整该文字图层的不透明度属性，使其显现微微透出黑板的效果。

选做提高

参考任务二的方法，新建另一个空图层进行两个跟踪点的跟踪，再将其设置为"标题文字"图层的父级。做完后请思考，用空图层进行跟踪与直接使用最终要跟踪的元素图层进行跟踪，这两者各有什么优缺点。

答：_____

AE 任务四　使用四个跟踪点制作唢呐视频随相册翻动效果（透视边角定位）

一、实施条件

（1）使用电脑安装相应版本的 AE 软件；
（2）准备好相应的合成（唢呐稳定后缩放）；
（3）准备好相应的素材（相册翻动 .mp4）。

二、实施步骤

使用四个跟踪点
制作视频随相册
翻动效果

1. 新建合成"相册翻动"

导入"相册翻动"素材，并拖拽到"新建合成"按钮上，此时新建了合成"相册翻动"。修改该合成时长与合成"唢呐稳定后缩放"的时长一致。

2. 将"相册翻动"图层持续时间设为与合成时间一致

对"相册翻动"图层启用时间重映射（快捷键 Ctrl+Alt+T），并将该图层的出点设在时间线的最后一帧处，可适当调整第二个关键帧的位置。

3. 添加"跟踪运动"

在合成"相册翻动"时间线上，选中"相册翻动"图层，打开跟踪器面板，添加"跟踪运动"，选择跟踪类型为"透视边角定位"。

4. 调整跟踪点的位置

将播放头移动到合成时间线开始位置，分别移动四个跟踪点到相册的四个边角位置，并调整跟踪点的特征区域与搜索区域，跟踪点的位置及形状可参考图 2-6-13。

5. 向前分析

单击"向前分析"按钮，耐心等待 AE 逐帧向前分析跟踪点，直至图层的出点。

6. 选择跟踪层

将合成"唢呐稳定后缩放"放入时间线中"相册翻动"图层之上。在跟踪器面板中选择"运动目标"为"唢呐稳定后缩放"，并单击"应用"按钮，AE 对刚才分析的跟踪点信息进行处理，最终 AE 处理的结果是让图层"唢呐稳定后缩放"的四个边角，跟随跟踪的附加点进行运动。预览视频效果，发现由于跟踪点以锚点来进行定位而留下了边缘的黑边，这时，我们需要在图层"唢呐稳定后缩放"的变换属性组里稍微调大缩放属性值（缩放属性参考值"107，104%"），使黑边能被覆盖。在"唢呐稳定后缩放"图层的混合模式下拉菜单中选择"变亮"，最终预览效果如图 2-6-14 所示。

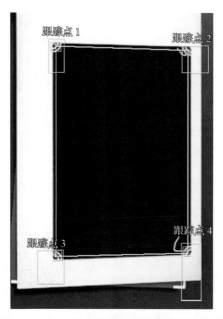

图 2-6-13　四个跟踪点的位置及形状参考

图 2-6-14　"透视边角变形"跟踪后效果

项目领悟

为什么要充分做好前期拍摄的准备？

_____

_____

提示：从前期拍摄准备与后期处理所花费的时间、最终效果等方面进行比较。

任务评价

跟踪与稳定实训任务考核评价见表 2-6-2。

表 2-6-2 跟踪与稳定实训任务考核评价

考核内容	考核点	分值	评分内容	自评	互评	师评	企业
稳定	通过 AE 的稳定运动改善晃动的画面	30	不会添加稳定运动 -30；不会根据视频特点选择跟踪点 -10；不会向前或向后分析 -3；漏掉单击"应用"按钮 -3；没有等待分析完 -2；选择的跟踪点不合适导致结果不理想 -3；不会逐帧分析以调整不理想的画面 -2；不会根据稳定后视频的特点进行合成嵌套 -3，进行合成嵌套时不会根据视频特点调整相应的缩放和位置等信息 -4				
跟踪	通过一个跟踪点跟踪唢呐的位置信息	34	不会建立空图层 -4；不会添加跟踪运动 -30；不会根据视频特点选择跟踪点 -5；不会根据视频特点调整跟踪点各组件 -5；不会向前或向后分析 -2；不会选择跟踪层 -2；漏掉单击"应用"按钮的 -2；没有等待分析完 -2；选择的跟踪点不合适导致结果不理想 -2；不会逐帧分析以调整不理想的画面 -2；不会制作文字的出现与消失动画 -3；不会制作连线的出现与消失动画 -5；文字与连线动画配合不够完美 -2；不会选择父子层关系 -2				
	通过两个跟踪点跟踪黑板的位置与缩放	20	不会根据视频特点选择跟踪点 -3；不会根据视频特点添加跟踪点 -2；不会根据视频特点调整跟踪点的各组件 -5；不会向前或向后分析 -1；没有等待分析完 -2；不会选择跟踪层 -1；漏掉单击"应用"按钮 -1；选择的跟踪点不合适导致结果不理想 -2；不会逐帧分析以调整不理想的画面 -2；不会制作文字 -2				
	通过四个跟踪点跟踪相册的边角变形	16	不会根据相册特点选择跟踪类型 -3；不会根据相册运动特点选择跟踪点 -2；不会根据视频特点调整跟踪点的各组件 -4；不会向前或向后分析 -1；没有等待分析完 -2；不会选择跟踪层 -1；漏掉单击"应用"按钮 -1；选择的跟踪点不合适导致结果不理想 -2				
职业素养的培养	掌握以问题为导向的工作方法	附加分	能总结画面不稳定的处理方法并进行验证 +3；能总结各种跟踪方法及其适用的情况并进行验证，每个 +2				
	培养探索精神		试研究跟踪运动的其他应用场景 +2				
	养成精益求精的职业追求		总结本项目的启示，并将保证视频质量作为工作的第一要务，认真执行 +2				
总分							

课后拓展

AE 跟踪与稳定常见的问题如下。

一、调整跟踪点

设置运动跟踪时，经常需要通过调整特性区域、搜索区域和附加点来调整跟踪点。可以使用选择工具分别或成组地调整这些组件的大小或对其进行移动。

跟踪点组件选择工具指针图标如图 2－6－15 所示。

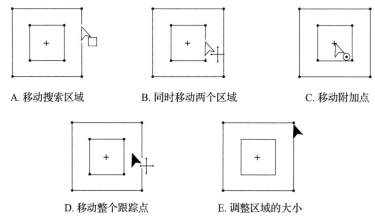

A. 移动搜索区域　　　　B. 同时移动两个区域　　　　C. 移动附加点

D. 移动整个跟踪点　　　　E. 调整区域的大小

图 2－6－15　跟踪点组件选择工具指针图标

要一起移动特性区域、搜索区域和附加点，请在跟踪点区域内拖动（避免拖动区域边缘和附加点），或者按向上、向下、向左或向右箭头键移动（在按住 Shift 键的同时按箭头键将以 10 倍大的增量进行移动）。

要一起移动特性区域和搜索区域，请拖动特性区域的边缘，或者在按住 Alt 键（Windows）或 Option 键（macOS）的同时使用选择工具在特性区域或搜索区域内拖动。还可以在按住 Alt 键（Windows）或 Option 键（macOS）的同时按向上、向下、向左或向右箭头键。

要仅移动搜索区域，请拖动搜索区域的边缘。

二、计算机运算速度跟不上跟踪点的运动速度

当计算机运算速度跟不上跟踪点的运动速度时，会出现跟踪点跳跃的情况。找到跳跃的跟踪点，将播放头移到它的上一帧，单击"向前分析一帧"按钮 ▮▶，前进到下一帧来分析当前帧。或将播放头移到跳跃的跟踪点的下一帧，单击"向后分析一帧"按钮 ◀▮，返回上一帧来分析当前帧。

三、关于变形稳定器（VFX）

可使用变形稳定器稳定运动。它可消除因摄像机移动造成的抖动，从而可将摇晃的手持素材转变为稳定、流畅的拍摄内容。

1. 填空题

（1）在对影片进行运动跟踪时，合成图像中至少有两个图层，一个图层是_____，另一个图层叫作被跟踪层。

（2）在设置运动跟踪的时候，合成监视窗内会出现跟踪范围框，它是由两个方框和一个交叉点组成，交叉点叫作_____。

2. 操作题

（1）根据样片，使用素材完成手机播放模特视频。提交以下文件：

1）上传手机播放模特视频的 AE 工程文件（文件以"学号姓名 .aep"命名，如：220123201 张三 AE6.aep）；

2）请把合成渲染输出为 wmv 格式文件并提交（文件以"学号姓名 AE6.wmv"命名）。

（2）使用 AE 对自己拍摄的画面不够稳定的视频进行稳定处理。

学习笔记

项目七 想不到的特效——各种实用特效

学习目标

知识目标：掌握 AE 常用特效的分类与作用。

能力目标：能利用模拟特效制作电子相册背景；能利用过渡特效完成主片转场；能通过分型杂色、湍流置换、色光等特效营造历史氛围，最终完成历史电子相册视频。

素质目标：培养学生精益求精的工匠精神，引导学生感恩革命先辈为我们今天的幸福生活所做的贡献。

情境导入

东东接到团委的任务，要求制作以瑞金革命旧址照片为素材的电子相册视频，在学校团员教育馆播放。东东开始收集瑞金革命旧址的照片，并琢磨如何通过 AE 的常用特效，制作出具有历史感的电子相册视频。

工作任务

熟悉 AE 的常用特效，通过 AE 特效制作电子相册背景，完成主片转场，并增加历史氛围，最终完成历史电子相册视频。效果规划见表 2-7-1。

表 2-7-1 使用各种特效制作历史电子相册视频效果规划

素材	动画与使用的图层属性		备注
音乐 .mp3	无	无	
纹理 1.jpg	混合模式——叠加	无	
纹理 2.jpg	混合模式——叠加	无	

续表

素材		动画与使用的图层属性		备注
照片 1		过渡动画（块溶解特效过渡完成属性）	位移动画（位置）；投影特效	嵌套合成
照片 2		过渡动画（不透明度、渐变擦除特效过渡完成属性）	投影特效	嵌套合成
照片 3		过渡动画（不透明度、CC Image Wipe 特效 Completion 属性）	投影特效	嵌套合成
照片 4		过渡动画（不透明度属性）	投影特效	嵌套合成
粒子背景 01		简单粒子动画（CC Particle World）	粒子闪烁动画（不透明度）	纯色层
粒子背景 02		无	复杂粒子动画（CC Particle World）；粒子闪烁动画（不透明度）	纯色层
粒子形状		无	绘制一个圆形	形状图层
光影图层		光影氛围动画（分形杂色、色光）		纯色层
照片 1	旧纸张	混合模式——强光	无	照片 2、3、4 与照片 1 除了照片素材不同，其他均一致
	旧纸张	无	无	
	01.jpg	Alpha 遮罩"旧纸张"；描边	无	

AE 常用特效的分类与作用

颜色调整：通过亮度、对比度、饱和度、色相等调整视频的颜色，为影片渲染不同的氛围。

转场效果：对合成中不同的场景进行过渡切换，包括块溶解、线性擦除等。

风格效果：创建各种类型的风格，包括纹理、马赛克、杂色等。

模糊效果：通过模糊视频中的特定区域，达到柔和、温馨、浪漫的视觉效果。

抠像效果：抠除画面中的特定画面，制作合成效果。

扭曲效果：调整镜头效果或者自由调整视频角度。

音频效果：添加音频特效，如回声、混响、音调等。

模拟效果：模拟下雨、下雪、粒子等场景，与原素材结合制作合成效果。

跟踪效果：通过跟踪视频中的特定区域，对跟踪区域制作合成效果。

任务实施

AE　任务一　使用粒子特效制作背景

一、实施条件

（1）使用电脑安装相应版本的 AE 软件；

（2）准备好相应的素材文件（照片 1.jpg～照片 4.jpg、纹理 1.jpg、纹理 2.jpg、旧纸张 .png）。

使用粒子特效
制作背景

二、实施步骤

1. 新建合成

单击项目窗口下方"新建合成"按钮（快捷键 Ctrl+N），将弹出"合成设置"对话框。在"合成名称"中输入" Final Comp"，在"预设"中选择高清画面" HDV/HDTV 720 25"，在"持续时间"中输入 1700。

2. 导入素材

在项目窗口空白处双击导入素材（快捷键 Ctrl+I），这时会弹出"导入文件"对话框，如图 2 - 7 - 1 所示。用鼠标框选所要的素材：照片 1.jpg～照片 4.jpg、纹理 1.jpg、纹理 2.jpg、旧纸张 .png。

图 2 - 7 - 1　"导入文件"对话框

3. 制作背景

将"纹理1.jpg""纹理2.jpg"素材拖入时间线窗口，选中两个图层，调整素材图片大小使其适配合成大小（快捷键Ctrl+Alt+F），并将图层混合模式改为叠加。选中图层"纹理1"，展开不透明度属性（快捷键T），将不透明度属性值设置为40%，如图2-7-2所示。

图 2 - 7 - 2 背景图层属性设置

4. 制作背景粒子特效

按快捷键Ctrl+Y新建纯色层，名称修改为"粒子背景01"，图层大小与合成大小一致，颜色设置为黑色，如图2-7-3所示。展开"效果和预设"面板中的"模拟"选项，将"CC Particle World"添加给图层"粒子背景01"，如图2-7-4所示。

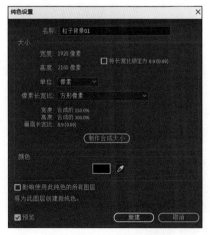

图 2 - 7 - 3 纯色层设置

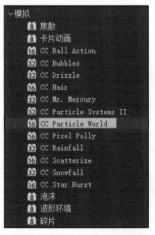

图 2 - 7 - 4 模拟特效组

设置 CC Particle World 属性如图 2－7－5 所示

图 2－7－5　CC Particle World 属性设置

（1）设置粒子数量：Birth Rate 设置为 1.6，Longevity（sec）设置为 0.84。

（2）设置粒子范围：展开 Producer，Radius X 设置为 0.875，Radius Y 设置为 1.165，Radius Z 设置为 0.835。

（3）设置粒子动画：展开 Physics，Animation 设置为 Vortex，Velocity 设置为 0.1，Gravity 设置为 0.1。

（4）设置粒子形态：展开 Particle，Particle Type 设置为 Faded Sphere，Birth Size 设置为 0.03，Death Size 设置为 0.1，Birth Color 和 Death Color 都设置为白色。

选做提高

　　为了使画面动效更丰富，同学们可以尝试以下操作：

　　（1）展开图层"粒子背景01"的不透明度属性，打开该属性的表达式（按 Alt 键的同时单击不透明度左侧的时间变化秒表），输入抖动表达式"wiggle（20，50）"。

　　（2）在不选中任何图层的前提下，双击工具栏中的椭圆工具，

项目七任务一
选做提高

图层面板会新增"形状图层1",将"形状图层1"重命名为"粒子形状",并将其放在图层"粒子背景01"下方。依次展开"粒子形状"—"内容"—"椭圆1"—"椭圆路径1"—"大小",取消"大小"属性数值前的约束比例按钮,将"大小"属性数值改为"720.0,720.0",所图2-7-6所示。将图层"粒子形状"的眼睛图标关闭,使图层为不可见状态。

图2-7-6　形状图层设置

（3）选中图层"粒子背景01",按Ctrl+D复制图层"粒子背景02",将其放在图层"粒子背景01"下方。展开"效果"中的"CC Particle World",并进行以下设置:Birth Rate设置为0.2,Longevity（sec）设置为2.00；展开Producer,Radius X设置为1.145,Radius Y设置为1.615,Radius Z设置为1.295；展开Physics,Animation设置为Vortex,Velocity设置为0.1,Gravity设置为0.050；展开Particle,Particle Type设置为Textured Square,Texture Layer设置为"3.粒子形状",Texture Time设置为Birth,Birth Size设置为0.1,Death Size设置为0.4,Max Opacity设置为40.0%,Birth Color和Death Color都设置为白色。

（4）展开图层"粒子背景02"的不透明度属性,打开该属性的表达式（按Alt键单击不透明度左侧的时间码表）,输入抖动表达式"wiggle（20，50）"。

AE 任务二　使用转场特效制作相册主体

使用转场特效制作
相册主体

一、实施条件

（1）使用电脑安装相应版本的AE软件；
（2）准备好相应的素材文件（照片1.jpg～照片4.jpg、旧纸张.png）；
（3）准备好相应的合成（照片1、照片2、照片3、照片4）。

二、实施步骤

1.制作嵌套合成

（1）新建合成。

单击项目窗口下方"新建合成"按钮（快捷键Ctrl+N）,将弹出"合成设置"对话框。在"合成名称"中输入"照片1",在"预设"中选择高清画面"HDV/HDTV 720 25",在"持续时间"中输入500。

（2）制作相框。

将素材"照片1.jpg""旧纸张.png"拖放至合成"照片1"中,将图层"旧纸张.png"的缩放值改为"66.7%,66.7%",并放至图层"照片1.jpg"上方。将图层"照片1.jpg"

的轨道蒙版设置为"Alpha 遮罩'旧纸张'"，如图 2 - 7 - 7 所示。

图 2 - 7 - 7　轨道蒙版设置

选中图层"照片 1.jpg"，双击工具栏中的矩形工具，为该图层添加一个与照片大小一致的蒙版 1，如图 2 - 7 - 8 所示。展开"效果和预设"面板中的"生成"选项，将描边特效添加给图层"照片 1.jpg"。展开描边特效，将路径设置为"蒙版 1"，画笔大小设置为 30。

选中图层"旧纸张"，按 Ctrl+D 复制图层，然后粘贴得新图层，将其重命名为"旧纸张 2"。打开图层"旧纸张 2"的眼睛图标，并将混合模式设置为"强光"，如图 2 - 7 - 9 所示，最终合成"照片 1"的效果如图 2 - 7 - 10 所示。

> **小贴士**
>
> 描边是 AE 中常用的特效，主要用于制作相框效果、手写字动画。描边的形状通过蒙版来控制，手写字动画通过起始或结束属性控制。

图 2 - 7 - 8　蒙版 1 添加后效果

图 2 - 7 - 9　图层"旧纸张 2"

图 2 - 7 - 10　合成"照片 1"最终效果

（3）复制合成。

在项目窗口中，选中合成"照片 1"，连续按 Ctrl+D 复制出合成"照片 2""照片 3""照片 4"。双击合成"照片 2"，在项目窗口中选中素材"照片 2.jpg"，在合成"照片 2"的时间线窗口中选中"照片 1.jpg"，再按住 Alt 键将项目窗口中的素材"照片 2.jpg"拖拽到时间线窗口中的"照片 1.jpg"上，将其替换，如图 2 - 7 - 11 所示。依照此方法分别将合成"照片 3""照片 4"的素材替换为"照片 3.jpg""照片 4.jpg"。

2. 制作主片及转场

（1）排列图层。

在项目窗口选中合成"照片 1""照片 2""照片 3""照片 4"，并将它们拖拽至合成"Final Comp"的图层"纹理 2"上方，在选中状态下右击，在快捷菜单中选择"关键帧辅助"—"序列图层 ..."，如图 2 - 7 - 12 所示。将持续时间改为"0：00：01：00"，如图 2 - 7 - 13 所示。让 4 个嵌套合成按顺序排列，并且 2 个图层时间有 1 秒的重叠。

图 2 - 7 - 11　替换素材

　　AE 中 Ctrl+D 是复制的快捷键，既可以复制素材、图层，也可以复制合成。值得注意的是在项目窗口按 Ctrl+D 复制的合成是独立合成。当合成中有嵌套合成，在时间线窗口按 Ctrl+D 复制该嵌套合成时，生成的新图层仍是该嵌套合成。

图 2 - 7 - 12　序列图层 01

　　AE 的序列图层可以帮助操作者快速地完成多个图层的有序排列。如果不需要转场，可以取消重叠的勾选。持续时间根据转场的时长设置，序列图层中也有预设简单转场，过渡选项中有溶解前景图层、交叉溶解前景和背景图层两种。值得注意的是，在执行"序列图层"命令前，不同的图层选中顺序，会影响最终的排列效果。

图 2 - 7 - 13　序列图层 02

（2）制作转场。

　　选中图层"照片 1"，展开"效果和预设"面板中的"过渡"选项，将块溶解特效添加给图层"照片 1"。将时间指示器移到 4s，打开块溶解"过渡完成"属性前面的时间变化秒表，添加属性值为 0% 的关键帧。将时间指示器移到 5s，将"过渡完成"的属性值改为 100%。将"块宽度"的值改为 10。

选中图层"照片 2"，展开不透明度属性（快捷键 T），将时间指示器移到 4s，不透明度属性值设置为 0%。然后将时间指示器移到 5s，不透明度属性值设置为 100%。展开"效果和预设"面板中的"过渡"选项，将渐变擦除特效添加给图层"照片 2"。将时间指示器移到 8s，打开渐变擦除"过渡完成"属性前面的时间变化秒表，添加属性值为 0% 的关键帧，将时间指示器移到 9s，将"过渡完成"属性值改为 100%。将"渐变图层"属性设置为"照片 3"。

选中图层"照片 3"，展开不透明度属性（快捷键 T），将时间指示器移到 8s，不透明度属性值设置为 0%。将时间指示器移到 9s，不透明度属性值设置为 100%。展开"效果和预设"面板中的"过渡"选项，将 CC Image Wipe 特效添加给图层"照片 3"。

将时间指示器移到 12s，打开 CC Image Wipe "Complete"属性前面的时间变化秒表，添加属性值为 0% 的关键帧。将时间指示器移到 13s，将"过渡完成"属性值改为 100%。

选中图层"照片 4"，展开不透明度属性（快捷键 T），将时间指示器移到 12s，不透明度属性值设置为 0%，将时间指示器移到 13s，不透明度属性值设置为 100%。

> **小贴士**
>
> AE 的过渡特效常用于图层与图层之间的转场制作。大部分过渡特效都会与下一图层产生叠加，也可以结合不透明度属性的变化，使转场更加自然。

选做提高

为了使画面动效更丰富，同学们可以尝试调整图层"照片 1"的位置属性。

在第 14s 处打关键帧，不改变其位置属性值；然后在第 0s 处打关键帧，将其往左移出画面外；打开图层"照片 1"的运动模糊开关，预览动画。为了让画面更真实，可以同时选中图层"照片 1""照片 2""照片 3""照片 4"，展开"效果和预设"面板中的"透视"选项，添加投影特效。将"距离"改为 15，"柔和度"改为 10。

项目七任务二
选做提高

AE 任务三　使用效果和预设制作光影效果

一、实施条件

（1）使用电脑安装相应版本的 AE 软件；
（2）准备好相应的合成（Final Comp）。

二、实施步骤

1. 制作光影闪烁动画

在合成"Final Comp"中按 Ctrl+Y 新建白色纯色层，名称修改为"光影图层"，将其

使用效果和预设
制作光影特效

放至图层面板的最上方。展开"效果和预设"面板中的"杂色和颗粒"选项,将分形杂色特效添加给图层"光影图层",修改分形杂色特效的属性值:对比度设置为 250.0,亮度设置为 –33.0。展开"变换",将其缩放属性值设置为"1.0,2000.0";展开"子设置",将其缩放属性值设置为 200.0。按住 Alt 键,单击演化属性前的时间变化秒表,添加时间表达式"time*200"。

图 2-7-14　输出循环

2. 制作光影颜色

展开"效果和预设"面板中的"颜色校正"选项,将色光添加给图层"光影图层"。展开"输出循环",将调色板修改为"火焰",单击色环中右侧上数第二个三角,使色环如图 2-7-14 所示。最后,将"光影图层"的模式设置为"屏幕"。

AE 任务四 添加音乐并渲染输出视频

一、实施条件

(1)使用电脑安装相应版本的 AE 软件;
(2)准备好相应的素材文件(音乐 .mp3);
(3)准备好相应的合成(Final Comp)。

二、实施步骤

将素材"音乐 .mp3"添加到合成"Final Comp"中,预览合成。单击菜单栏"合成"菜单下的"添加到渲染队列"(快捷键 Ctrl+M),将合成添加到渲染队列并渲染输出。

最终各图层顺序及相应属性关键帧参数见表 2-7-2,合成效果如图 2-7-15 所示。

表 2-7-2　各图层顺序及相应属性关键帧参数

图层序号	图层	属性	关键帧时间与数值 (f 代表帧,s 代表秒)		备注
1	光影图层	无关键帧			必做
2	粒子背景 01	无关键帧			必做
3	粒子背景 02	无关键帧			选做
4	粒子形状	无关键帧			选做
5	照片 1	位置	0f –640,360	14f 640,360	必做
		过渡完成	4s 0%	5s 100%	必做
6	照片 2	不透明度	4s 0%	5s 100%	必做
		过渡完成	8s 0%	9s 100%	必做
7	照片 3	不透明度	8s 0%	9s 100%	必做
		Complete	12s 0%	13s 100%	必做
8	照片 4	不透明度	8s 0%	9s 100%	必做

续表

图层序号	图层	属性	关键帧时间与数值 （f 代表帧，s 代表秒）	备注
9	纹理 2	无关键帧		必做
10	纹理 1	无关键帧		必做
11	音乐	无关键帧		必做

图 2-7-15　最终合成效果图

任务评价

各种实用特效实训任务考核评价见表 2-7-3。

表 2-7-3　各种实用特效实训任务考核评价

考核内容	考核点	分值	评分内容	自评	互评	师评	企业
AE 命名规范	为新建合成命名	2	没有给合成命名 -2				
	为图层命名	5	没有给图层命名，每个图层 -0.5				
	为做好的工程文件命名	2	没按老师要求为工程文件命名 -2				
背景纹理制作	图层混合模式	2	没有正确修改图层混合模式，每个图层 -1				
	修改图层不透明度	1	未修改不透明度或者值不正确 -1				
背景粒子制作	设置粒子数量	4	没有修改粒子生长速度 -2，没有修改粒子寿命 -2；会正确修改两个属性值以到合理的粒子数量 +1				
	设置粒子范围	6	没有修改粒子 X 轴半径 -2，没有修改粒子 Y 轴半径 -2，没有修改粒子 Z 轴半径 -2；会正确修改两个属性值以到合理的粒子范围 +3				
	设置粒子动画	6	没有修改粒子动画类型 -2，没有修改粒子速率 -2，没有修改粒子重力 -2；会正确修改属性值，实现合理的粒子动画 +3				
	设置粒子形态	5	没有修改粒子类型 -1，没有修改粒子出生大小 -1，没有修改粒子消散大小 -1，没有修改粒子颜色 -2；会正确修改属性值，实现合理的粒子形态 +3；会通过形状图层制作更多的粒子形态 +5				

续表

考核内容	考核点	分值	评分内容	自评	互评	师评	企业
照片相框	图层调整至合适的大小与位置	4	没有调整图层大小 –2，没有调整图层位置至完全重叠 –2				
	轨道遮罩	4	没有设置正确的轨道遮罩 –4				
	图层混合模式	4	没有设置正确的图层混合模式 –4				
	复制合成并替换素材	8	没有正确复制合成并重命名，每个合成 –2；没有正确的替换素材，每个合成 –2				
嵌套合成转场制作	会使用序列图层排列图层	4	没有按顺序排列图层 –2，没有交叉重叠 1s –2				
	会使用块溶解特效制作转场	8	没有添加特效 –8；只建立一个关键帧 –4，建立两个关键帧但值一样 –4；会正确使用位置属性配合制作动画 +3，会正确使用不透明度属性配合制作动画 +3				
	会使用渐变擦除特效制作转场	8	没有添加特效 –8；只建立一个关键帧 –4，建立两个关键帧但值一样 –4；会正确使用不透明度属性配合制作动画 +3				
	会使用 CC Image Wipe 特效制作转场	8	没有添加特效 –8，只建立一个关键帧 –4，建立两个关键帧但值一样 –4				
	投影特效	2	没有添加投影特效并修改属性 –2				
光影制作	制作光影闪烁动画	5	没有添加特效 –5；没有正确修改对比度 –1，没有正确修改亮度 –1，没有正确修改缩放属性值 –1，没有正确修改子缩放属性值 –1，没有给演化添加正确的表达式 –1				
	制作光影颜色	4	没有正确修改输出循环 –4				
音乐添加	添加音乐	3	没有添加音乐 –3；添加了音乐但选取的片段不合适 –2				
影片的渲染输出	将制作完成的合成进行渲染	5	不会渲染视频 –5；会使用格式工厂或其他方式将格式转换成 mp4 格式 +2				
探究精神	查阅项目背景资料	附加分	查阅项目相关背景资料 +5				
总分							

课后拓展

一、AE 特效在使用中常见的问题

1. 多个特效的添加顺序

在做动效时，有时会发现特效的添加和属性的修改都没有错，但做出来的效果与样

片不一样。如果出现这种情况，检查一下添加的多个特效的顺序是否有问题。在 AE 中，多个特效的叠加顺序不一样，根据 AE 算法演变出来的特效也不一样。以本项目的光影图层为例，光影图层的制作添加了分形杂色和色光两个特效。分形杂色的作用是制作出在白色和黑色之间无规律演变的画布，色光在这块画布的基础上根据输出循环的色块演化出对应的颜色变换，如图 2-7-16（a）所示。如果色光添加在前，分形杂色添加在后，AE 会先执行色光特效，此时色光的输出循环以图层的原色（白色）为画布，只能演化出红色；AE 再执行分形杂色，分形杂色不需要画布，它根据自身属性演化出白色和黑色之间无规律的变换，并把色光演化出的红色覆盖，如图 2-7-16（b）所示。因此在添加多个特效时一定要考虑特效的添加顺序，有时候不同的添加顺序会得到不同的效果。

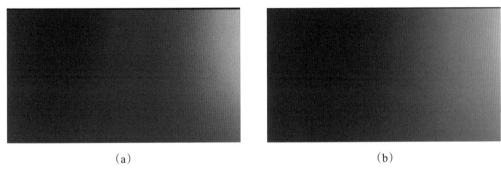

(a) (b)

图 2-7-16 特效添加顺序效果对比

2. 如何添加外置插件

首先，到网页上找到需要的外置插件，并下载到电脑上。如果是".exe"的插件，直接双击即可安装。如果是普通插件，将文件进行复制，再进入 AE 安装目录（右击 AE 图标，在快捷菜单中选择"打开文件所在的位置"）中的"plug-ins"文件夹（存放 AE 效果和外置插件的一个目录，在目录 Adobe After Effects \Support Files 下），如图 2-7-17 所示，然后将复制的插件文件进行粘贴。安装完毕后，重新启动 AE，在"效果和预设"面板就可以看到安装好的插件了，如图 2-7-18 所示。

图 2-7-17 外置插件的安装路径   图 2-7-18 成功安装外置插件

二、常用的外置插件

AE 常用的外置插件有粒子、光线、调色、MG 动画、三维等。最常用的粒子插件是 Trapcode 系列插件中的 Particular 和 Form。其中，Particular 是制作动态粒子，Form 是制作静态粒子。另外，Stardust 和 Plexus 也是两款功能特别强大的粒子插件。较常用的光线类插件是能量激光描边光效特效插件 Saber、镜头光晕插件 Optical Flares。红巨星调色插件套装是功能实用、效果直观的常用调色插件。Beauty Box 是新一代的皮肤美容插件。牛顿动力学插件 Newton 可以控制文字、形状图层的各种物理属性，常用来制作文字动画、MG 动画。Element 3D（简称 E3D）是一款强大的三维插件，可以快速、高质量地在 AE 中制作并实时渲染 3D 模型，完成各类复杂的 3D 后期合成特效。具体的使用案例，将在项目十一中介绍。

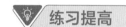

练习提高

1. 单选题

（1）AE 中要用项目窗口的素材替换时间线窗口的素材，应按（　　　）快捷键。

A. Ctrl　　　　　　B. Shift　　　　　　C. Alt　　　　　　D. Tab

（2）能够制作烟雾、云、彩带、光影等动画的特效是（　　　）。

A. 动态拼贴　　　B. 纹理化　　　　C. 高斯模糊　　　　D. 分形杂色

2. 判断题

（1）无论用哪种方式选择多个图层，按照序列图层排列后的效果都是一样的。
（　　　）

（2）AE 中制作相框可以用描边特效，也可以用蒙版绘制。（　　　）

3. 填空题

（1）可以控制粒子是往下沉或者往上漂浮的是 CC Particle World 的_____属性。

（2）为了让分形杂色的演化无规律，可以给_____属性添加表达式。

美丽烟花

4. 操作题

（1）根据样片，完成"美丽烟花"视频。提交以下文件：

1）上传"美丽烟花"的 AE 工程文件（文件以"学号姓名 AE1.aep"命名，如：220123201 张三 AE1.aep）；

2）请把合成渲染输出为 wmv 格式文件并提交（文件以"学号姓名 AE1.wmv"命名）。不会用格式工厂的同学可以提交 AVI 格式文件。

（2）请拍摄一组校园风光的照片，并设计完成"我的校园"电子相册，要求添加转场。提交以下文件：

1）上传"我的校园"的 AE 工程文件（文件以"学号姓名 AE2.aep"命名，如：220123201 张三 AE2.aep）；

2）自己做的素材也需要一并上交（文件不要重命名）；

3）请把合成渲染输出为 wmv 格式文件并提交（文件以"学号姓名 AE2.wmv"命名）。不会用格式工厂的同学可以提交 AVI 格式文件。

学习笔记

模块三
AE 提高篇

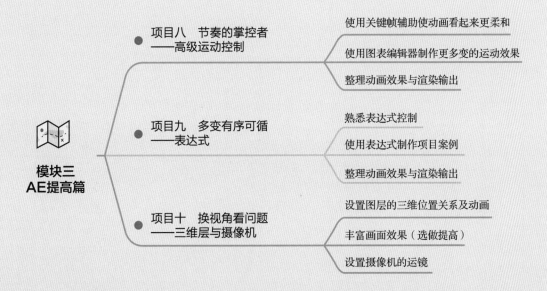

模块三
AE 提高篇

项目八　节奏的掌控者
——高级运动控制

使用关键帧辅助使动画看起来更柔和

使用图表编辑器制作更多变的运动效果

整理动画效果与渲染输出

项目九　多变有序可循
——表达式

熟悉表达式控制

使用表达式制作项目案例

整理动画效果与渲染输出

项目十　换视角看问题
——三维层与摄像机

设置图层的三维位置关系及动画

丰富画面效果（选做提高）

设置摄像机的运镜

项目八　节奏的掌控者——高级运动控制

知识目标：认识动画的规律，掌握 AE 关键帧插值的基本原理和相关知识。

能力目标：熟练使用 AE 关键帧辅助，能根据运动规律或者设计意图，自主选择合适的缓动效果；灵活使用 AE 的图表编辑器；能根据物体的运动规律或特殊的运动方式，完成复杂动画效果的制作。

素质目标：学会规划与总结，养成自觉复习与预习的好习惯，培养探索新知、精益求精的精神。

情境导入

东东听说最近大家都在为"创城"而努力，那么，什么是"创城"呢？东东通过了解，知道原来"创城"就是创建文明城市的简称。全国文明城市是经济建设、政治建设、文化建设、社会建设、生态文明建设和党的建设全面发展，市民文明素质、城市文明程度、城市文化品位、群众生活质量较高，崇德向善、文化厚重、和谐宜居、人民满意的城市。全国文明城市是反映城市整体文明水平的综合性荣誉称号，是一个城市最有价值的无形资产和最重要的品牌。东东想：我们都是城市的一员，城市建设与发展得好我们都能从中受益，那么，我何不用自己所学为"创城"献一份力呢？于是，他查阅资料，联系市文明办，决定用 AE 做一个"文明城市市民公约"的宣传动画。规划效果图如图 3-8-1 所示。

工作任务

熟悉 AE 的图表编辑器，会用关键帧辅助及图表编辑器制作各种属性的非线性运动，学会分析和策划动画效果，将同类的动画进行批量操作以提高制作效率，同时能结合以前所学的遮罩、运动路径等知识，完成"文明城市市民公约"的宣传动画。效果规划见表 3-8-1。

图 3-8-1 规划效果图

表 3-8-1 "文明城市市民公约"宣传动画效果规划

素材	动画与使用的图层属性、特效		备注
背景			无动画
草地	1.从下往上运动（位置）		缓动
江水	1.从下往上运动（位置）	2.江涛涌动（"波形变形"特效 – 波形高度）	缓动
桥墩	1.从下往上运动（位置）		缓出
桥面	1.由左向右延伸（蒙版路径）		
铁索	1.从桥面往上升起（位置）		缓入、轨道遮罩从桥面开始
楼（合成）	1.桥面延伸到各座楼时，对应的楼弹起（位置）	2.最右边的楼从左到右延展开（蒙版路径）	缓动、弹跳效果
人物	1.由画面右侧的外部进入画面（位置）		缓出
标题	1.由画面上方的外部进入画面（位置）	2.弹跳	弹跳时的缓动
文字	1.从标题下方出现进入画面（位置）		轨道遮罩从标题下方开始、文字动画缓出
云（三朵）	1.淡入（不透明度）	2.运用所学或预习新知（表达式）丰富云朵的运动效果	通过缓动和入点不同丰富的云朵运动效果
小鸟	1.由画面右侧的外部进入画面（位置）（运动路径）	2.预习三维层、表达式，实现小鸟不停扇动翅膀的效果	巩固物体沿路径运动的制作方法
说明：动画1为必做内容；动画2为使动画效果更丰富、更完善，有能力的同学可选做			

知识储备

AE 高级运动控制的基本概念和相关知识

一、关键帧插值

直接使用 AE 关键帧做出来的动画都是线性运动的，而现实中，物体不可能都是线性运动的。为了使 AE 做出来的物体运动更真实，或看上去运动效果更多变，我们常常会使用关键帧插值，其调用方式如图 3-8-2 所示。插值有 5 种不同的形式：

图 3-8-2　关键帧插值的调用方式

（1）线性，是最基本的插值。只需指定两个关键帧的不同值，AE 将平均分布两个关键帧之间的值。

（2）贝塞尔曲线，是一种完全手动控制的插值，经常被专业人士使用。

（3）自动贝塞尔曲线，是一种有用的方法，由 AE 决定运动物体的速度，使运动看起来更自然。

（4）连续贝塞尔曲线，与自动贝塞尔曲线相似，但使用连续贝塞尔曲线插值，我们可以决定速度。

（5）定格，通常用于冻结某个图层。

二、图表编辑器

自定义关键帧插值最常用的方法是使用图表编辑器 。图表编辑器又有"编辑值图表"和"编辑速度图表"两种图表可调节。编辑速度图表显示了以每秒像素数测量的对象速度，如图 3-8-3 所示，通过更改黄色可见手柄的位置，可以随时间更改对象的速度。

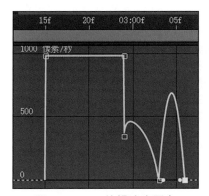

图 3-8-3　编辑速度图表

任务实施

AE 任务一　使用关键帧辅助使动画看起来更柔和

一、实施条件

（1）使用电脑安装相应版本的 AE 软件；

（2）准备好相应的素材文件（文明城市市民公约 .psd）。

使用关键帧辅助使
动画看起来更柔和

二、实施步骤

1. 导入素材，创建合成

打开 AE，关闭弹出的欢迎界面，在项目窗口中导入素材（快捷键 Ctrl+I）。选择以"合成 - 保持图层大小"的方式导入，如图 3 - 8 - 4 所示。

图 3 - 8 - 4　以"合成 - 保持图层大小"的方式导入素材

2. 整理合成"图层 1"中的图层

在项目窗口，双击打开总合成"文明城市市民公约（分图层）"—"图层 1"，如图 3 - 8 - 5 所示。可以看到合成"图层 1"中各图层顺序如图 3 - 8 - 6 所示。将合成"［组 1］"中的所有图层剪切到合成"图层 1"中，并将合成"图层 1"中各图层重命名，如图 3 - 8 - 7 所示。

图 3 - 8 - 5　项目窗口

图 3 - 8 - 6　合成"图层 1"中各图层顺序

图 3 - 8 - 7　整理后的图层

3. 制作草地进入画面的动画

全选所有图层（快捷键 Ctrl+A），关掉图层前面的眼睛图标以使所有图层不可见。打开"背景"和"1 草地"图层前的眼睛图标，将"1 草地"的位置属性打开（快捷键 P），在大约 20f 处创建第一个关键帧，以记录当前位置，在 0f 处将位置属性的 Y 轴值设为 1420，此时系统自动创建草地位置属性的第二个关键帧，以使草地在画面下边缘外。预览动画，此时在两关键帧间是线性运动的，为了使运动有缓入缓出效果，框选这两个关键帧，单击鼠标右键，选择"关键帧辅助"—"缓动"，或按快捷键 F9，这时关键帧图标变成 ，即可实现两关键帧的缓动效果。

4. 制作江水进入画面的动画

打开"2 江水"图层前的眼睛图标，将"2 江水"图层的位置属性打开（快捷键 P），在大约 1s14f 处创建第一个关键帧，以记录当前位置，在大约 17f 处将位置属性的 Y 轴值设为 1267 左右（此处为参考值，根据具体操作情况设置合适的数值，下同），以使江水在草地下，此时系统自动创建江水位置属性的第二个关键帧。框选这两个关键帧，按快捷键 F9，这时关键帧图标变成 ，即可实现两关键帧的缓动效果。预览动画，调整江水两关键帧的位置，使江水在草地出现后随即出现。

将"波形变形"特效添加到"2 江水"图层，添加"波形高度"属性的关键帧，第一个关键帧属性值为 10，第二个关键帧属性值为 0，框选这两个关键帧，按快捷键 F9，实现江水涌动到逐渐停止的效果。"2 江水"和"1 草地"图层各关键帧位置可参考图 3-8-8。

图 3-8-8 "2 江水"和"1 草地"图层各关键帧位置

5. 制作架桥的动画

打开"3 桥墩"图层前的眼睛图标，将"3 桥墩"图层位置属性打开（快捷键 P），在大约 1s11f 处创建关键帧，以记录当前位置，在大约 1s3f 处将位置属性的 Y 轴值设为 1076 左右，以使桥墩在江水下，此时系统自动创建了一个关键帧。选中"3 桥墩"图层时间线上的第二个关键帧，单击鼠标右键，选择"关键帧辅助"—"缓入"，或按快捷键 Shift+F9，这时关键帧图标变成 ，即可实现桥墩升起后慢慢停下来的缓动效果。预览动画，调整设置使桥墩在江水升起时架设好。将位置属性第一个关键帧处设为该图层的入点（快捷键 Alt+[）。

打开"4 桥面"图层前的眼睛图标，选中该图层，为其添加闭合路径的遮罩，按快捷键 M 打开蒙版路径属性，添加两个关键帧，第一个关键帧的蒙版路径在桥面左边，第二个关键帧的蒙版路径覆盖整个桥面，如图 3-8-9 所示。预览动画，看桥面从远处架设到近处（即在画面中从左到右架设）。将蒙版路径第一个关键帧处设为该图层的入点（快捷键 Alt+[）。

图 3 - 8 - 9　两关键帧的蒙版路径

打开"5 铁索"图层前的眼睛图标，在不选中任何图层情况下，使用钢笔工具，沿桥面之上画出一个足以覆盖"5 铁索"图层的四边形，新建一个形状图层，重命名为"5 铁索遮罩"。将该形状图层放置在"5 铁索"图层之上，并将其设为"5 铁索"图层的轨道遮罩。

将"5 铁索"图层位置属性打开（快捷键 P），在大约 3s4f 处创建关键帧，以记录当前位置，在大约 2s5f 处将"5 铁索"图层位置属性的 Y 轴值设为 973 左右，以使其在桥面下，此时系统自动创建了一个关键帧。选中第一个关键帧，单击鼠标右键，选择"关键帧辅助"—"缓出"，或按快捷键 Ctrl+Shift+F9，这时关键帧图标变成 ▶，即可实现铁索由慢到快升起的缓动效果。预览动画，调整设置使铁索在桥面架设好后再升起。

选中"5 铁索""5 铁索遮罩"两个图层，将"5 铁索"图层位置属性第一个关键帧处设为这两个图层的入点（快捷键 Alt+[）。

最终，各图层入点及关键帧位置关系可参考图 3 - 8 - 10。

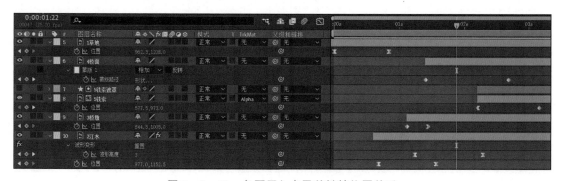

图 3 - 8 - 10　各图层入点及关键帧位置关系

任务二　使用图表编辑器制作更多变的运动效果

一、实施条件

（1）使用电脑安装相应版本的 AE 软件；

（2）准备好相应的素材文件（文明城市市民公约 .psd）；

（3）准备好相应的合成（图层 1）。

二、实施步骤

1. 导入、替换、删除、整理素材

为了使各楼房弹跳动画操作更简便快捷，我们重新以"合成"方式导入素材，如图 3 - 8 - 11 所示。选中图层"6 楼"，找到新导入的素

使用图表编辑器
制作更多变的
运动效果 1

材文件夹中的合成"楼"，按住 Alt 键不放，同时把合成"楼"拖拽到图层"6楼"，可以看到鼠标变成如图 3-8-12 所示的形态，放开鼠标，就实现了素材替换。此时，选中项目窗口新素材文件夹中的合成"楼"，信息显示使用了 2 次；而原素材文件夹中的合成"楼"，信息中没有显示使用次数，如图 3-8-13 所示。

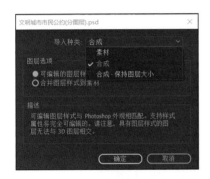

图 3-8-11 以"合成"方式导入素材

图 3-8-12 替换素材

图 3-8-13 新旧素材文件夹中合成"楼"的显示信息区别

为防止制作过程中混淆素材，在项目窗口中，把原素材文件夹中的合成"楼"删除，把新素材文件夹中的合成"楼"剪切或移动到原素材文件夹中，并删除新素材文件夹。

2. 制作八卦楼弹起的效果

双击图层"6楼"，将打开合成"楼"时间线，在合成监视窗中从左到右找到各楼房，并进行图层重命名，重命名后的各图层名称如图 3-8-14 所示。在合成监视窗中打开标尺，并在八卦楼基线位置拉一条水平参考线如图 3-8-15 所示。打开图层"3八卦楼"的位置属性，在大约 10f、15f 处创建关键帧，以记录当前位置；在 0f 处调整 Y 轴值，使八卦楼顶在水平参考线下；在 6f 处调整 Y 轴值，使八卦楼底在水平参考线上，并有一定的距离；在 13f 处调整 Y 轴值，使八卦楼底在参考线上一定的距离，但这个距离要比 6f 处的小。打开图表编辑器，可以看到这些关键帧间是线性运动的（点与点之间用直线连接）。图层"3八卦楼"位置属性各关键帧及在图表编辑器中显示的图表形状如图 3-8-16（a）和图 3-8-16（b）所示。

图 3-8-14 合成"楼"各图层名称

图 3-8-15 水平参考线位置

129

为了使动画更流畅，选中图层"3 八卦楼"的位置属性，此时 5 个关键帧全部被选中，按 F9，做缓动动画，此时可以看到各关键帧间用自动贝塞尔曲线连接，如图 3-8-16（c）所示。单击"选择图表类型和选项"按钮 ，分别选中"编辑值图表""编辑速度图表"，先后在编辑速度图表和编辑值图表中对各关键帧进行调整。为了在编辑时查看方便，可以单击"使所有图表适于查看"按钮 、"使选择适于查看"按钮 。最终，图层"3 八卦楼"位置属性各关键帧与调整后的图表如图 3-8-17 所示。

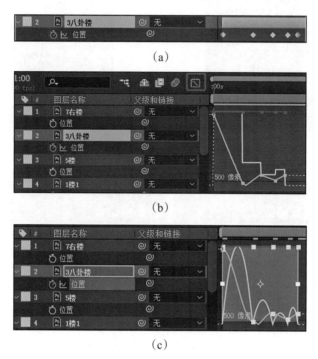

图 3-8-16　图层"3 八卦楼"位置属性各关键帧及在图表编辑器中显示的图表形状

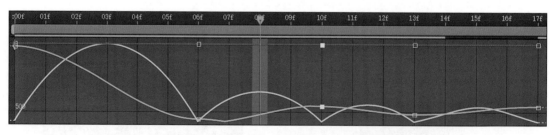

图 3-8-17　图层"3 八卦楼"位置属性各关键帧与调整后的图表

小贴士

　　AE 图表编辑器有"编辑值图表"和"编辑速度图表"两种。

　　灰色的线为"编辑速度图表"，红色和绿色的线为"编辑值图表"，红色代表位置属性 X 轴的值，绿色代表位置属性 Y 轴的值。

3. 批量制作各楼房随桥面延伸而弹起的效果

（1）复制图层"3 八卦楼"位置属性关键帧（快捷键 Ctrl+C），将播放头移动到 0f 位置，全选合成"楼"中的图层（快捷键 Ctrl+A），将图层"3 八卦楼"位置关键帧粘贴给合成"楼"中的所有图层（快捷键 Ctrl+V）。（如果仅做图层"7 右楼"从左到右延展开的蒙版路径动画，则不需要复制位置关键帧给该图层。）

（2）按图层名前的序号排列各图层的出现顺序，即把序号大的图层往后拖动，实现楼房从左到右依次弹跳出来的效果。

（3）回到合成"图层 1"的时间线，调整图层"6 楼"的入点位置，使各楼房的弹出时间点与桥面延伸经过各楼房的时间点一致。这个过程需要反复在合成"图层 1"与图层"6 楼"的时间线之间进行切换。播放头的位置在两条时间线上的位置是对应的，所以可以在桥面经过各楼房时进行切换，以确定各楼房弹出的开始时间。也可通过如图 3-8-18 所示的方法，在合成监视窗中锁定"图层 1"，这样就可以直接在合成"楼"的时间线上调整各图层的出入点，在合成监视窗中直接观察最终合成效果，查看各楼房的弹出时间点与桥面延伸经过各楼房的时间点是否一致。

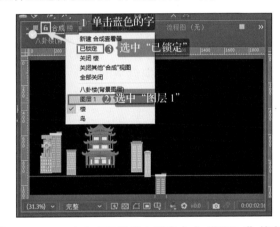

图 3-8-18　在合成监视窗中锁定合成"图层 1"的方法

选做提高

为了使画面动效更丰富，大家可以尝试做图层"7 右楼"的闭合路径的遮罩，并设置蒙版路径属性的关键帧，实现配合桥面延伸的缓动效果。

4. 制作人物进入画面的动画

打开图层"7 人"前的眼睛图标，将图层"7 人"位置属性打开（快捷键 P），在大约 3s6f 处创建关键帧，以记录当前位置，在大约 2s17f 处将人物平移出画面右侧，此时系统自动创建了一个关键帧。选中图层"7 人"时间线上的第二个关键帧，单击鼠标右键，选择"关键帧辅助"—"缓入"，或按快捷键 Shift+F9，这时关键帧图标变成 ，即可实现人物进入画面后慢慢停下来的缓动效果。预览动画，配合其他动画调整人物的出现位置。将位置属性第一个关键帧设为该图层的入点（快捷键 Alt+[）。

使用图表编辑器
制作更多变的
运动效果 2

5. 制作标题弹跳动画

打开图层"8 文明城市市民公约"前的眼睛图标，并打开该图层位置属性（快捷键 P），在大约 2s24f 与 3s6f 处分别创建关键帧，以记录当前位置；在大约 2s15f 处将标题文字平移出画面上边缘，此时系统自动创建了一个关键帧。在第二个与第三个关键帧中间（大约 3s3f 处）将标题文字向上移动若干像素，使其有略微弹起的效果。选中该图层时间线上的第三、四个关键帧，按快捷键 F9，即可实现标题文字弹跳的缓动效果。预览动画，如果弹跳效果不满意，可以打开图表编辑器进行调整。将位置第一个关键帧设为该图层的入点（快捷键 Alt+[）。

6. 制作文字从标题下出现进入画面的动画

将播放头移动到标题文字位置属性的最后一个关键帧处。打开图层"9 热爱家乡，乐于奉献。……团结和谐"前的眼睛图标，在不选中任何图层的情况下，在标题基线位置画一个矩形，矩形要覆盖所有的文字，这时系统新建了一个形状图层，重命名为"9 文字遮罩"，并将该形状图层设置为"9 热爱家乡，乐于奉献……团结和谐"图层的轨道遮罩。

在大约 3s21f 处，打开图层"9 热爱家乡，乐于奉献……团结和谐"位置属性的时间变化秒表，设置第一个关键帧，记录当前的位置信息。在大约 3s6f 处，将文字向上平移到看不见的位置（轨道遮罩外）。选中该图层第二个位置关键帧，按 F9，预览动画，如果弹跳效果不满意，可以打开图表编辑器进行调整。将该图层位置属性的第一个关键帧设为该图层和"9 文字遮罩"图层的入点（快捷键 Alt+[）。

7. 批量制作三朵云淡入的动画

选中三朵云图层，打开这三个图层前的眼睛图标，打开这三个图层的不透明度属性（T），在大约 3s 处打开这三个图层不透明度属性的时间变化秒表，在大约 2s 处将不透明度属性值设为 0，此时系统将三个图层的不透明度属性值一起设置为 0。任意选中三朵云图层的不透明度属性关键帧，设置缓动效果，并调整三朵云的入点及关键帧间隔时间，使三朵云的出现时间呈现一定的变化。三朵云的入点及不透明度属性各关键帧位置可参考图 3-8-19。

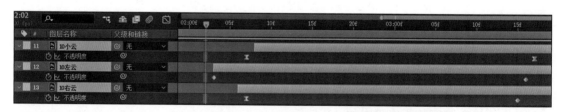

图 3-8-19　三朵云的入点及不透明度属性各关键帧位置参考图

选做提高

为了使云朵运动更丰富，大家可以尝试做云朵飘动的动画，除了可以使用位置属性关键帧制作缓动动画，还可以使用下一项目的表达式。如果你找到答案，可以写到下面。

答：＿＿＿＿＿＿＿＿＿＿＿＿＿＿＿＿＿＿＿＿＿＿＿＿＿＿＿＿＿＿＿＿＿＿

8. 制作小鸟沿路径飞入画面的动画

在合成"鸟"中，将图层"翅膀"的锚点移动到翅膀与身体连接的地方，打开旋转属性（快捷键 R），在 0f 与 3f 处分别创建关键帧，并调节旋转属性值，打开该图层的"运动模糊"开关，并在时间线上为设置了"运动模糊"开关的图层启用运动模糊，以使小鸟扇动翅膀更有动感。复制旋转属性关键帧，使小鸟扇动翅膀的动画足够长。

选做提高

（1）为了使小鸟扇动翅膀效果更逼真，大家可以预习后面项目的三维层，打开三维层开关，创建 Y 轴旋转属性关键帧，实现逼真的小鸟上下扇动翅膀的动画效果。

（2）为实现小鸟不停扇动翅膀的效果，大家可以预习下一项目的表达式，用两个关键帧＋一个循环语句制作。相关设置可参与图 3 - 8 - 20。

图 3 - 8 - 20 相关设置参考

大家可以参考小鸟扇动翅膀动画的制作方法，自行完成小鸟尾巴的动作动画。

在合成"图层 1"中打开图层"11 鸟"前的眼睛图标，使用锚点工具（快捷键 Y）将该图层的中心点移到小鸟身上；使用钢笔工具（快捷键 G）在该图层上画出小鸟的运动路径（非闭合路径的遮罩），打开蒙版路径（快捷键 M），选中蒙版路径并剪切，打开该图层的位置属性（快捷键 P），选中位置属性并粘贴，这时，小鸟就沿蒙版路径运动了，如图 3 - 8 - 21 所示。可打开图表编辑器进行动画速度的调整，使小鸟飞入动画更自然。

图 3 - 8 - 21 小鸟沿蒙版路径运动

任务三 整理动画效果与渲染输出

一、实施条件

（1）使用电脑安装相应版本的 AE 软件；

（2）准备好相应的合成（图层 1）。

整理动画效果
与渲染输出

二、实施步骤

在合成"图层 1"中预览动画，将各图层的动画做最终的微调，以使整个视频动画更流畅。设置合成"图层 1"最终的合成长度（建议控制在 5s），并渲染输出为 mp4 格式文件。单击"文件"下拉菜单中的"整理工程（文件）"，选择相应的操作进行整理，如图 3 - 8 - 22 所示。

最终，各合成时间线如图 3 - 8 - 23 ～图 3 - 8 - 25 所示。

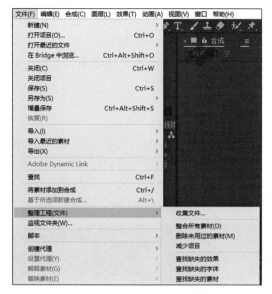

图 3 - 8 - 22　整理 AE 工程文件

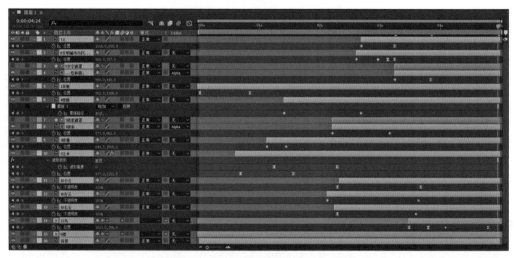

图 3 - 8 - 23　合成"图层 1"时间线

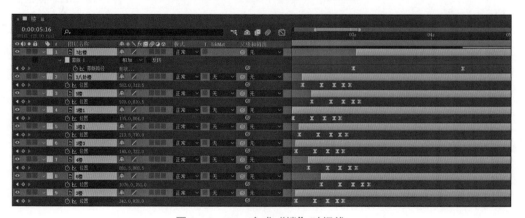

图 3 - 8 - 24　合成"楼"时间线

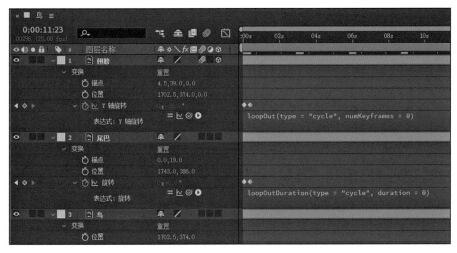

图 3-8-25 合成"鸟"时间线

任务评价

AE 高级运动控制实训任务考核评价见表 3-8-2。

表 3-8-2 AE 高级运动控制实训任务考核评价

考核内容	考核点	分值	评分内容	自评	互评	师评	企业
关键帧辅助的使用	熟练使用 AE 关键帧辅助，能根据运动规律或者设计意图，自主选择合适的缓动效果	30	不会使用关键帧辅助（缓动、缓入、缓出），各 -5；搞不清楚缓动、缓入、缓出的区别 -5；搞不清楚缓入、缓出适用情况，各 -5；会使用各种关键帧辅助的快捷键，各 +1				
图表编辑器的使用	灵活使用 AE 的图表编辑器，能根据物体的运动规律或特殊的运动方式，完成复杂的动画效果制作	40	完全不会使用图表编辑器 -40；搞不清楚编辑值图表、编辑速度图表的切换与使用 -20，搞不清楚图表下方的按钮如何使用 -10，搞不清楚图表形状如何调节 -10				
AE 工程制作规范	图层命名	5	没有给图层进行命名 -5；命名混乱 -3，命名疏漏 -2				
	图层出入点设置	4	图层出入点设置混乱 -2，疏漏 -2				
	项目窗口中素材的整理	3	项目窗口素材凌乱 -2，没有删除多余的素材 -1				
	工程文件的整理	2	不会整理工程文件 -2				
	将制作完成的合成进行渲染	1	不会渲染输出正确格式的视频 -1				
批量操作	楼的批量操作	3	不会做 -2，较为凌乱 -1；与桥面出现时间点配合效果好 +2				
	云朵的批量操作	2	不会做 -2；做出丰富的效果 +1，预习表达式并利用它做出较好的效果 +2				

续表

考核内容	考核点	分值	评分内容	自评	互评	师评	企业
基础动画复习	替换素材（合成"楼"的重新导入与替换）	2	不会做 –2				
	各图层位置、不透明度、旋转、锚点的设置	4	做错每项 –1				
	桥的蒙版路径	1	不会做 –1				
	铁索的轨道遮罩	1	不会做 –1				
	小鸟的运动路径	2	不会做 –2；效果不够理想 –1				
选做提高探索精神	"波形变形"特效	附加分	效果正确 +2，效果一般 +1				
	右楼的蒙版路径		效果正确 +2				
	文字的轨道遮罩		效果正确 +2				
	小鸟的翅膀做三维层沿 Y 轴旋转		效果正确 +2				
	小鸟的翅膀和尾巴用表达式做循环运动		效果正确 +2				
总分							

课后拓展

一、使用图表控制速度的常见问题

1. 使用编辑速度图表控制速度

当我们想在图表编辑器里进行更灵活的运动速度调整时，可以按如下步骤进行：

（1）在时间线窗口中，拉伸想要调整的关键帧的轮廓；

（2）在"在图表类型和选项"菜单中选择"编辑速度图表"；

（3）使用选择工具，单击要调整的关键帧，并做相应的拖拽调整。

2. 拆分和关联控制手柄

（1）拆分传入和传出方向手柄：按住 Alt 键（Windows）或 Option 键（macOS）的同时拖动方向手柄；

（2）关联方向手柄：按住 Alt 键（Windows）或 Option 键（macOS）的同时上下拖动某个已拆分的方向手柄，直至它与另一个手柄重合。

3. 调整编辑图表的小技巧

（1）向上拖动具有关联方向手柄的关键帧以提高（或向下拖动以降低）进入和离开关键帧的速度。

（2）向上拖动拆分方向手柄以提高（或向下拖动以降低）进入或离开关键帧的速度。

（3）要增大关键帧的影响，向远离关键帧中心的方向拖动方向手柄。要减小影响，朝关键帧的中心位置拖动方向手柄。

4. 几种常见的速度图表

几种常见的速度图表如图 3 - 8 - 26 所示。

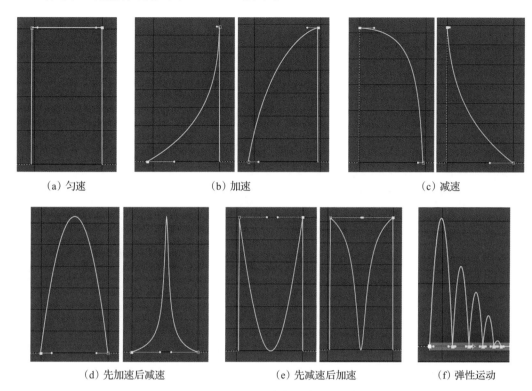

（a）匀速　　　　　　（b）加速　　　　　　　　（c）减速

（d）先加速后减速　　　　（e）先减速后加速　　　　（f）弹性运动

图 3 - 8 - 26　几种常见的速度图表

二、本项目用到的快捷键

关键帧辅助：缓入（Shift+F9）、缓入（Ctrl+Shift+F9）、缓动（F9）；

关键帧插值（Ctrl+Alt+K）、切换定格关键帧（Ctrl+Alt+H）；

工具栏：形状工具（Q）、钢笔工具（G）、锚点工具（Y）、选择工具（V）、手型工具（H）；

蒙版路径（M）；

图层入点（Alt+[）、图层出点（Alt+]）；

合成入点（B）、合成出点（N）、合成设置（Ctrl+K）、渲染输出（Ctrl+M）；

图层五个基本属性：锚点（A）、位置（P）、缩放（S）、旋转（R）、不透明度（T）。

1. 选择题

（1）缓动的快捷键是（　　　）。

A. F9　　　　　　　B. Shift+F9　　　　　C. Ctrl+Shift+F9　　　D. Alt+F9

（2）第一个关键帧不能运用的类型是（　　　　）。

A. 缓入　　　　　　　B. 缓出　　　　　　　C. 缓动　　　　　　　D. 线性

2. 判断题

（1）图表编辑器在设置关键帧以后才有用。（　　　）

（2）图表编辑器可以通过关键帧的控制手柄调节曲线的曲度。（　　　）

3. 填空题

（1）关键帧插值的类型有_____、_____、_____、_____、_____。

（2）图表编辑器可进行两种类型的编辑，分别是_____、_____。

4. 操作题

根据样片，使用素材，运用图层五项基本属性、遮罩、合成嵌套、图表编辑器和关键帧辅助等完成"划动手机屏幕"动画。

提交要求：提交工程文件、mp4 格式最终效果文件，如有另外处理素材也应一并提交。

学习笔记

9 项目九　多变有序可循——表达式

学习目标

知识目标：了解 AE 表达式的基本原理和相关知识，掌握 AE 表达式的创建方法及常见的 AE 表达式。

能力目标：能根据制作目标选择合适的 AE 表达式，以简化复杂动画效果的制作过程，达到预期的制作效果。

素质目标：学会项目规划与总结，养成主动思考问题、进行探究式学习的好习惯，培养安全意识。

情境导入

诗意同学由于平时学习努力，表现出较好的专业水平，老师决定推选她参加 ×× 比赛。在备赛过程中，诗意同学发现，如果只用之前所学的重复打关键帧的方式来制作动画，要想在有限的比赛时间内完成动画难度较大，于是，她向老师请教了解决方法。老师说，使用表达式可以极高地提高动画制作效率，并向她讲解了表达式的使用方法。诗意同学整理了笔记，并做了赛前实操练习。

工作任务

熟悉 AE 表达式，会用关键帧辅助及图表编辑器制作各种属性的非线性运动，学会分析策划动画效果，将同类的动画进行批量操作以提高制作效率，同时能结合以前所学的遮罩、运动路径等知识点，完成"险情救援"的宣传动画。宣传动画效果规划见表 3-9-1。

表达式

表 3-9-1　"险情救援"宣传动画效果规划

素材	动画与使用的图层属性、特效		备注
小女孩	1. 招手（旋转）	2. 呼救（人偶动画）	循环表达式

续表

素材	动画与使用的图层属性、特效		备注
消防车	1. 从左侧驶入画面并刹车（总体的位置、车轮的旋转）	2. 警灯的闪烁（发光特效）	缓入、循环表达式
跑步消防员	1. 从车后跑到湖边（总体的位置、腿的旋转）	2. 手臂运动（旋转）	循环表达式、时间重置换
皮划艇	1. 由小到大（缩放）		锚点设置在左边
跑步消防员	1. 上艇（位置）		时间重置换、消防员应在皮艇图层下
皮划艇	1. 由左向右行驶（位置）		与船上的消防员相对位置不变
跑步消防员	1. 下艇（位置）	2. 跑步（腿的旋转用时间重置换实现）	等绳索连接好后消失
绳索（新建形状图层）	1. 连接绳索（修剪路径）		
滑轮消防员	1. 从缆绳左端滑到右端（位置＋运动路径）		跑步消防员消失时出现在绳索上
风雨声	1. 关键帧辅助 - 音频转换关键帧		生成音频振幅层
纯色层（雨）	1. 下雨（特效 -CCRainFall），随风雨声变化（Wind）		表达式关联器、修改编辑表达式
湖水	1. 随风雨涌动（湍流置换特效）		缓出、表达式
水草	1. 随海水摆动（旋转）		锚点在泥里、表达式、该图层移至土图层下
浪花		2. 涌动（不透明度、缩放）	图表编辑器、表达式
树 - 各棵树		2. 被风吹得摇晃（旋转）	锚点在树根上、表达式
缆绳		2. 被风吹得摇晃（位置）	
说明：动画 1 为必做内容；动画 2 为使动画效果更丰富更完善，有能力的同学可选做			

知识储备

AE 表达式的基本概念和相关知识

表达式是一小段代码，当我们想创建和链接复杂的动画，又不想手动创建数十乃至数百个关键帧时，可以尝试使用表达式。我们可以将表达式插入 AE 项目中，以便在特定时间点为单个图层属性计算单个值。表达式基于标准的 JavaScript 语言，可以直接使用关联器或者复制简单示例语句并修改示例来满足需求。例如，想要在从左到右移动一个球的同时该球晃动，可以对其应用"摆动"表达式。

任务实施

AE 任务一 熟悉表达式控制

一、实施条件

（1）使用电脑安装相应版本的 AE 软件；

（2）准备好相应的素材文件（救援信息图 .psd）。

二、实施步骤

1. 在属性中添加或移除表达式

设置关键帧的任何属性，都可以使用表达式。要添加和显示表达式，可以在时间线窗口中选择该属性并执行以下操作之一：

（1）选择菜单栏"动画"—"添加表达式"（快捷键 Alt+Shift+=）。要移除表达式，选择"动画"—"移除表达式"（快捷键 Alt+Shift+=），如图 3-9-1 所示。

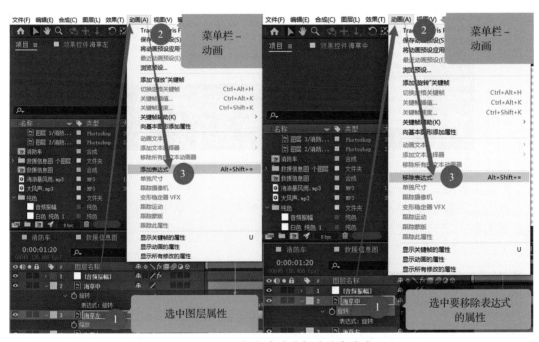

图 3-9-1 添加表达式与移除表达式

（2）按住 Alt 键（Windows）或按住 Option 键（macOS）并单击时间线窗口或"效果控制"面板中属性名旁边的时间变化秒表。要移除表达式，重复上面的步骤即可。

添加表达式并激活后，属性下会出现四个图标，并且值会变为红色，如图 3-9-2 所示。

图 3-9-2 添加了表达式的旋转属性

2. 表达式工具

（1）表达式开关：启用表达式 ▤（默认情况）、关闭表达式 ▨；

（2）表达式图表：关闭表达式图表 ⌁（默认情况）、显示表达式图表 ⌁；

（3）表达式关联器（将参考插入目标）◎：可以拖动它到其他图层的属性上，关联两者的值；

（4）表达式语言菜单 ▶：包含各种类型的表达式语言，可以从里面选择需要的表达式。如最常用的循环动画在 Property 子菜单里，如图 3-9-3 所示。

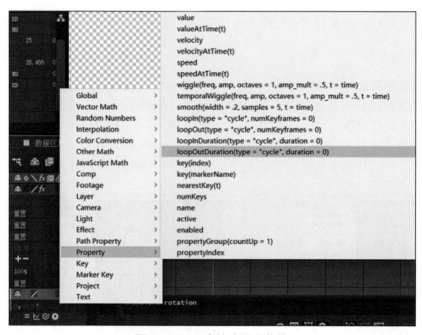

图 3-9-3 表达式语言菜单

3. 使用表达式关联一组属性

表达式关联器是在 AE 中关联属性的拖放选择工具。单击并按住表达式关联器，拖拽到要关联的属性并放开，此时原属性会链接到鼠标指向的属性，并自动生成表达式，如图 3-9-4 所示。

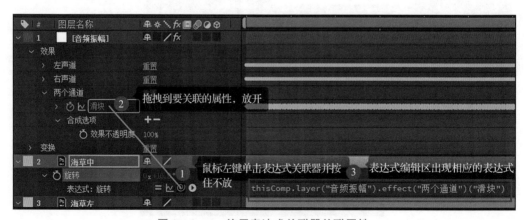

图 3-9-4 使用表达式关联器关联属性

可以将表达式关联器拖拽到属性的名称或值。如果拖拽到属性的名称，则生成的表达式会将所有值作为一个整体显示。例如，将表达式关联器拖拽到位置属性的名称，则会显示如下表达式：

thisComp.layer（"Layer 1"）.transform.position

如果将表达式关联器拖拽到位置属性的某个组件值（例如 Y 值），则会显示如下表达式。属性的 X 和 Y 坐标均已链接到位置属性的 Y 值：

temp = thisComp.layer（"Layer 1"）.transform.position[1];　[temp, temp]

4. 编辑表达式

在时间线窗口内单击相应表达式的文本字段以激活表达式编辑区。将光标放在要编辑表达式的位置，在插入点的表达式字段中输入表达式。

如果选中表达式字段中的文本，新表达式文本将替换所选文本。

如果插入点不在表达式字段中，新表达式文本将替换该字段中的所有文本。

5. 常用的表达式

（1）循环表达式（loop）：用多个关键帧来创建重复的动画非常耗时，应使用 loop 表达式创建复杂的循环动画。循环有两种类型：loopIn 和 loopOut。我们常用表达式 loopOut() 或 loopOut ("cycle") 循环播放动画。

（2）摆动表达式（wiggle）：会使属性以随机量晃动。此表达式可使场景看起来更加自然。括号之间用数字来控制摆动：第一个数字是每秒的摇摆数，第二个数字是摆动的量。如：给位置属性添加表达式 wiggle(2,30)，对象将每秒摆动 2 次，最多 30 摆动像素。

（3）时间表达式（time）：适用于永久运动的对象。如：要让对象无限旋转，可以将表达式 time 添加到旋转属性，使对象每秒钟旋转 1°。它还适用于基本数学公式，例如，要让之前的对象以 40 倍的速度更快地旋转，就使用表达式 time*40。

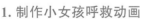 任务二　使用表达式制作项目案例

一、实施条件

（1）使用电脑安装相应版本的 AE 软件；

（2）准备好相应的素材文件（救援信息图 .psd）。

二、实施步骤

使用表达式
制作项目案例

1. 制作小女孩呼救动画

按照"合成"—"保持图层大小"方式导入素材，双击打开合成"救援信息图"—合成"小女孩"，给图层"张嘴呼叫"的不透明度属性设置两个关键帧：0f—0%、12f—

100%。然后为该属性设置循环表达式：按住 Alt 键，并单击该属性前的时间变化秒表，以添加表达式；单击表达式语言菜单，选择"Property"—"loopOutDuration(type = "cycle", duration = 0)"，这时系统自动为该属性添加了循环表达式。预览动画，可以看到小女孩嘴巴不停地张合。

打开合成"小女孩"，将图层"右手"的锚点设置在手臂与身体连接处，给该图层的旋转属性设置三个关键帧，以实现挥手动作：0f—0x+10°、12f—0x-9°、1s—0x+10°。然后为该属性设置循环表达式：按住 Alt 键，并单击该属性前的时间变化秒表，以添加表达式；单击表达式语言菜单，选择"Property"—"loopOutDuration(type = "cycle", duration = 0)"，这时系统自动为该属性添加了循环表达式。预览动画，可以看到小女孩不停地挥手。

2. 制作消防车驶入画面并刹车的动画

打开合成"救援信息图"—合成"消防车"，将各图层重命名，将图层"后轮"的锚点移动至车轮中心，设置两个关键帧，实现车轮的旋转。打开图表编辑器，调整两关键帧的编辑速度图表和编辑值图表，如图 3-9-5 所示。重复前面的操作完成图层"前轮"的动画，或复制图层"后轮"并调整其位置至前轮处，然后隐藏前轮。

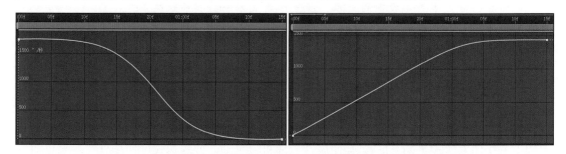

图 3-9-5 图层"后轮"旋转属性的编辑速度图表和编辑值图表

打开合成"救援信息图"—合成"消防车"—位置属性（P），设置两个关键帧，在第一个关键帧处将消防车的位置平移到画面左侧外。打开图表编辑器，配合车轮的转动，调整合成"消防车"位置属性两关键帧的编辑速度图表和编辑值图表，如图 3-9-6 所示。

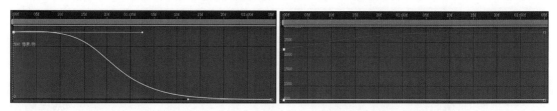

图 3-9-6 合成"消防车"位置属性的编辑速度图表和编辑值图表

选做提高

为了使画面动效更丰富，大家可以尝试制作消防车警灯闪烁的效果。

提示：沿车灯边缘绘制一个半圆形，以新建一个形状图层，然后添加"发光"特效，并调节里面各项参数，使光线更明显，可参考图 3-9-7；设置颜色 A 属性关键帧，0f 和 1s 处为红色，13f 处为蓝色；设置发光强度属性关键帧，0f 和 13f 处为 2，6f 处为 0；最后为这两个属性添加循环表达式，以实现红蓝光线的循环闪烁。

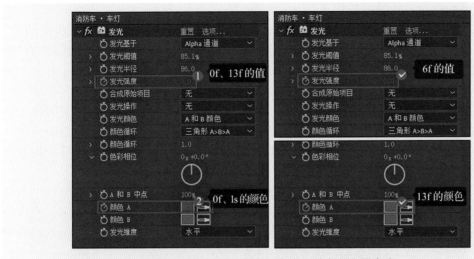

图 3 - 9 - 7 消防车车灯发光特效参数设置参考

3.制作消防员下车跑到湖边的动画

在合成"救援信息图"时间线上，将合成"跑步消防员"向后拖拽，使其入点为消防车停下的时间点。双击打开合成"跑步消防员"，将左腿、右腿、左手的中心点分别移动到合适的位置，在 0f、1s 处设置这三个图层的旋转属性关键帧，使其记录当前的原始角度；在 13f 处调整三个图层的旋转属性，使其看上去运动自然，并在选中当前时间点的三个关键帧后按 F9。最后，将左手图层移动到两条腿图层的下方，使跑步时左手能被两腿部分遮挡，符合空间位置关系。

回到合成"救援信息图"时间线，设置合成"跑步消防员"位置属性的关键帧，使其从消防车另一侧出现（第一个位置属性关键帧），到湖边（第二个位置属性关键帧）停下。为了使跑步消防员在湖边停下时，同时停下跑步动作，我们需要做时间重映射，在该图层处单击鼠标右键，选择"时间"—"启用时间重映射"（快捷键 Ctrl+Alt+T），如图 3 - 9 - 8 所示。

图 3 - 9 - 8 消防员在湖边停下动画的制作

4. 制作消防员登皮艇救援的动画

在合成"救援信息图"时间线上,将图层"气垫船2"移动到合成"跑步消防员"上,并设置其入点为跑步消防员停下的时间点。将气垫船位置移动到跑步消防员右侧,将图层"气垫船2"锚点设置在其左端,创建缩放属性关键帧,使其呈现由小变大的效果。

在图层"气垫船2"缩放属性关键帧后,选中合成"跑步消防员",给其时间重映射和位置属性打上关键帧(不改变属性值)。在此时间点后大约20f处,将跑步消防员移动到船上(这时系统自动添加了位置属性的第四个关键帧),并给时间重映射属性添加一个关键帧,将该关键帧时间适当延后20f左右。

在此时间处激活图层"气垫船2"的位置属性关键帧。往后3s左右,同时选中图层"气垫船2"和合成"跑步消防员"的位置属性,将它们移动到两棵树下的湖岸,实现消防员和船一起移动的效果。选中图层"气垫船2"和合成"跑步消防员"在此运动过程中的位置属性关键帧,按F9做缓动,使效果更逼真。

选做提高

思考一下,船和消防员一起移动的效果还可以怎么做呢?

在船停下后,为合成"跑步消防员"的时间重映射属性添加一个关键帧(不改变属性值)。在此时间点后大约1s处,将跑步消防员移动到岸上两树之间(这时系统自动添加了位置属性的第六个关键帧),并给时间重映射属性添加一个关键帧,将该关键帧时间适当延后,使消防员呈现两腿并拢状态。

5. 制作绳索消防员救援的动画

在不选中任何图层的情况下,用钢笔工具画一条与后绳相似的绳索连接左右两棵树,并将这个形状图层重命名为"绳索"。展开形状图层的属性,添加"修剪路径"属性,并设置结束属性的两个关键帧,值分别为0、100;调整两关键帧在时间线上的距离,使绳索的架设时间合适。

在绳索架设好的时间点,设置合成"跑步消防员"的出点,并将合成"绳索消防员"的入点移动到此处。调整绳索消防员至绳索左侧的位置,调整合成"绳索消防员"锚点位置在两手之间。复制形状图层"绳索"的形状路径,如图3-9-9所示,粘贴至合成"绳索消防员"的位置属性,这时合成"绳索消防员"位置属性出现了两个关键帧,并有运动路径。选中两关键帧并按F9做缓动,预览动画,可以看到消防员沿绳索划动的动画。

在合成"绳索消防员"位置属性的第二个关键帧处,双击打开时间线(注意不要再改变播放头位置);将图层"左手""左腿""右腿"锚点移动至合适位置,激活这三个图层的旋转属性关键帧,大约20f后将两腿旋转到并拢,左手转到右手的位置。

回到合成"救援信息图"时间线,选中合成"绳索消防员",做消防员跳到地面的动画,即在消防员两腿并拢的时间点,添加合成"绳索消防员"位置属性关键帧,把消防员移动到地面上,调整位置属性的编辑速度图表,使其符合消防员跳到地面的运动规律。

图 3-9-9 消防员沿路径运动

在消防员落地前，设置其缩放属性关键帧，第一个关键帧不改变属性值，第二个关键帧处设置水平翻转效果，并选中第一个关键帧，单击鼠标右键，选择"切换定格关键帧"。预览动画，可以看到消防员在空中完成了跳落地面前翻转朝向的动作。其位置与缩放属性的关键帧如图 3-9-10 所示。

图 3-9-10 消防员从空中跃下并翻转朝向动画所需的位置与缩放关键帧

6. 制作雨水随风雨声变化的动画

导入"海浪暴风雨 .mp3"，并将其放入合成"救援信息图"时间线窗口中，单击鼠标右键，选择"关键帧辅助"——"将音频转换为关键帧"，这时系统自动生成了图层"音频振幅"，如图 3-9-11 所示。

按快捷键 Ctrl+Y 新建一个白色纯色层，命名为"雨"，并将该图层移动至最顶层。添加模拟特效"CC Rainfall"，将"效果控件"面板中的"Composite With Original"前面的勾选去掉，这样就不显示原始素材的样子，而只显示雨的效果。在时间线上展开"CC

图 3 - 9 - 11　将音频转换为关键帧

Rainfall"特效的各个属性，找到 Wind 并添加表达式，将 Wind 的表达式关联器拖拽到图层"音频振幅"任意声道的"滑块"属性上，这时在 Wind 表达式编辑区自动出现表达式 thisComp.layer（"音频振幅"）.effect（"左声道"）（"滑块"），意思是：Wind 属性值用图层"音频振幅"中"效果"下"左声道"的"滑块"里的值。因为"滑块"里的值太小，风的效果就不明显，我们在这个表达式后面添加"*100"，把风的值扩大 100 倍，这样雨就被风吹斜了；还可以在表达式前面加 – 号，这样雨就会被风刮向另一个方向。最终，表达式为 thisComp.layer（"音频振幅"）.effect（"左声道"）（"滑块"）*100，如图 3 - 9 - 12 所示。

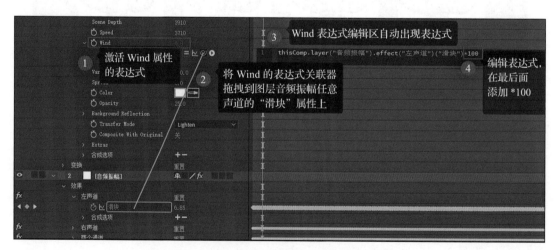

图 3 - 9 - 12　将"雨"编辑的 Wind 属性的表达式

　　由于在比赛中有时间限制，老师建议诗意同学把救援过程完成就好。老师也建议同学们在平时可以继续练习制作后面的湖面波涛汹涌、海草摇摆、树木被风吹动画。

AE 任务三 整理动画效果与渲染输出

一、实施条件

（1）使用电脑安装相应版本的 AE 软件；

（2）准备好相应的合成（救援信息图 .psd）。

二、实施步骤

在合成"救援信息图"中预览动画，将各图层的动画做最终的微调，以使整个视频动画效果更流畅。删除各合成中多余的图层，设置合成"救援信息图"最终的时间长度（建议控制在 15s 内），并渲染输出为 mp4 格式文件。整理工程文件，在"文件"下拉菜单—"整理工程（文件）"中选择相应的操作。

任务评价

使用 AE 表达式制作动画实训任务考核评价见表 3-9-2。

表 3-9-2　使用 AE 表达式制作动画实训任务考核评价

考核内容	考核点	分值	评分内容	自评	互评	师评	企业
添加/移除表达式	熟练使用各种方式进行表达式的添加、移除	10	不会添加表达式 –5，不会移除表达式 –3，不会使用多种方式添加表达式 –2				
表达式工具的使用	表达式开关：≡、✗　表达式图表：〰、〰　表达式关联器 ◎　表达式语言菜单 ▶	20	不会使用这四种工具的，每种 –5				
表达式关联器的使用	使用表达式关联器关联一组属性	10	不会使用表达式关联器进行属性关联 –10；不理解操作的原理 –5，不会根据自己做动画的需要进行知识的迁移 –5				
表达式语言菜单的使用	会在表达式语言菜单中选择相应的表达式，完成预期的效果	15	不会从表达式语言菜单中选择相应的表达式 –15；会正确使用表达式制作动画，每项 +5，尝试使用新的表达式但效果不佳，每项 +3				
表达式的编辑修改	会在表达式编辑区修改相应的表达式	10	不会修改表达式 –10；会修改但不理解表达式的意思 –3；能尝试自己的想法做相应的尝试且效果佳 +5，能尝试自己的想法做相应的尝试但效果不佳 +3				
关键帧辅助	将音频转换为关键帧	5	不会做 –5				
动画总体效果	对运动规律的艺术设计表达	30	根据最终效果给分				
探究精神	完成相应的选做内容	附加分	加分项见各技能点加分，此处不重复				
	查阅项目相关背景资料		为求项目动画逻辑更完善，查阅项目相关背景资料 +5				
总分							

课后拓展

本项目用到的快捷键如下：

添加 / 移除表达式（Ctrl+Alt+=）；

启用时间重映射（Ctrl+Alt+T）；

关键帧辅助：缓入（Shift+F9）、切换定格关键帧（Ctrl+Alt+H）；

工具栏：钢笔工具（G）、锚点工具（Y）、选择工具（V）、手型工具（H）；

新建纯色层（Ctrl+Y）；

图层入点（Alt+[）、图层出点（Alt+]）；

合成设置（Ctrl+K）、渲染输出（Ctrl+M）；

图层五个基本属性：锚点（A）、位置（P）、缩放（S）、旋转（R）、不透明度（T）。

练习提高

1. 选择题

（1）添加表达式的快捷键是（　　　　）。

A. F9   B. Shift+F9

C. Ctrl+Alt+=   D. Alt+=

（2）循环的两种类型是（　　　　）。

A. loopIn   B. loopOut

C. time   D. wipe

2. 判断题

（1）要移除表达式，可以先按住 Alt 键，再单击已经添加了表达式的属性前的时间变化秒表。（　　　）

（2）表达式也可以使用图表编辑器。（　　　）

（3）我们可以通过 关闭表达式效果，暂时屏蔽表达式效果。（　　　）

3. 操作题

根据样片，使用素材，运用图层五项基本属性、固态层、抠像特效、遮罩、人偶工具、图表编辑器和关键帧辅助调节等完成"拔萝卜"视频效果。

提交要求：提交工程文件、mp4 格式最终效果文件，如有另外处理素材也应一并提交。

学习笔记

10 项目十　换视角看问题——三维层与摄像机

学习目标

　　知识目标：理解三维空间，感受由二维层转换为三维层的特点，熟悉摄像机图层的原理和镜头与成像效果、运镜等相关知识。

　　能力目标：掌握二维层转三维层的方法，能熟练操作三维层在三维空间中的运动（位移与旋转）；会添加摄像机图层，并根据需要设置摄像机的参数；能操作摄像机的运镜，完成需要的动画效果。

　　素质目标：学会规划与总结，能举一反三，将知识融会贯通，培养遇到烦琐的问题时拆解问题的能力与耐心，以及为求更好的效果而进行钻研、精益求精的素养。

情境导入

　　王杰同学参观了××艺术馆，对中国古代的文明感触良深，决定为该艺术馆设计一个展览海报，并以此为主题做一系列动态视觉产品作为毕业设计作品。规划效果图如图3－10－1所示。

图3－10－1　规划效果图

工作任务

学会分析策划动画效果，熟悉 AE 的三维层和摄像机，明确各三维层之间的位置关系，使用三维层的位移、旋转等属性，通过摄像机的移动进行视角的变化，使画面更富动感。能结合以前所学的遮罩、动画预设、合成嵌套、表达式等知识点，完成"一梦千年"动态海报。效果规划见表 3 - 10 - 1。

表 3 - 10 - 1 "一梦千年"动态海报效果规划

素材	动画与使用的图层属性、特效		备注
背景			无动画、二维层
烟山	1. 从下往上慢慢出现（蒙版路径 + 缓动、蒙版羽化）		将烟山往后放置（Z 轴值加大，位置属性不需要关键帧）
顶纱	1. 从右上角进入画面（位置）		
纱上纹理	1. 在顶纱到位后，淡入（不透明度）		
二纱	1. 从顶纱下漫延出来（位置、不透明度）		缓出
底纱	1. 从二纱下漫延出来（位置、不透明度）		缓出
三座山（左山、中山、右山）			调整位置信息使山有远近位置关系
波涛	1. 涌动（位置 + 图表编辑器）	2. 循环表达式	第一个和最后一个关键帧处波涛形状要对准
预合成"时间地点票价"	1. 沿 Y 轴翻转出来（旋转）	2. 翻转的弹簧效果	入点为旋转属性第一个关键帧处，合成内各图层均为三维层，弹跳时缓动
logo	1. 从摄像机镜头后出现进入画面（位置）		注意调整起始位置，使进入画面时刚好居中
嵌套合成"标题"		2. 由无到有（"动画预设"—"Transitions-Dissolves"—"溶解 - 凝固"）	动画预设，合成内各图层均为三维层
三星堆头像		2. 随波涛运动（表达式）	Y 轴值为波涛的 Y 轴值变化的 2 倍，X 轴从右往左设置两个关键帧
摄像机	1. 从画面左侧拉出海报全景，稍作停留后，向前推到时间地点票价处，最后推到画面只剩背景花纹		实现画面首尾相接
说明：动画 1 为必做内容；动画 2 为使动画效果更丰富更完善，有能力的同学可选做。没有备注为二维层的所有图层都应设置为三维层			

AE 三维层与摄像机的基本概念和相关知识

一、三维空间

三维空间是指由 X 轴、Y 轴和 Z 轴构成的立体空间。在三维空间里的事物具有纵深感和空间感，具有近大远小的透视效果。

二、三维层（3D 图层）

在 AE 中，将图层激活为 3D 图层时，该图层仍是平的，但 3D 图层具有实实在在的三维属性（如位置、旋转等属性），都具有 X、Y、Z 轴这三个维度，能产生遮挡、透视的效果。3D 图层将获得附加属性："缩放""方向""X 轴旋转""Y 轴旋转""Z 轴旋转""材质选项"，如图 3－10－2 所示。"材质选项"属性指定图层与光照和阴影交互的方式，只有 3D 图层能够与阴影、光照和摄像机进行交互。

图 3－10－2　3D 图层的属性

三、摄像机图层

在 AE 的三维空间中，可以放置摄像机来模拟从任何视角和任何距离拍摄或者观察三维空间中图层的效果，可以通过设置 AE 摄像机属性参数来模拟真实摄像机的景深及推、拉、摇、移等运镜方式。

选择菜单栏"图层"—"新建"—"摄像机"—"新建摄像机图层"（快捷键 Ctrl+Shift+Alt+C），弹出"摄像机设置"对话框，如图 3－10－3 所示。它的设置和我们现实中摄像机的设置是一样的，在"预设"下拉菜单中可以设置各种镜头的焦段，默认的"预设"是"50 毫米"的标准镜头（标头）。数字大于 50 毫米的称为长焦镜头，长焦镜头的视角较小，焦平面较远，会压缩纵深距离，弱化空间感；数字小于 50 毫米的称为短焦镜头（广角镜头），焦平面较近，会强化纵深感。如图 3－10－4 为同一立体展板在标头、广角镜头与长焦镜头下的不同视角与展现给观众的画面。

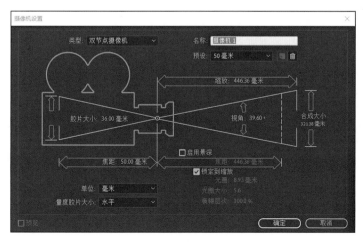

图 3－10－3　"摄像机设置"对话框

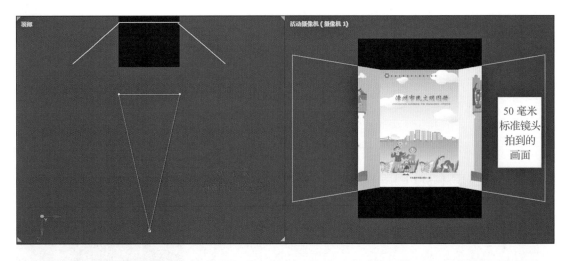

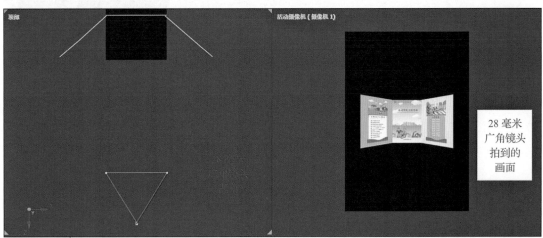

图 3 - 10 - 4　同一立体展板在标准镜头、广角镜头与
长焦镜头下的视角与不同的画面效果

任务实施

AE 任务一 设置图层的三维位置关系及动画

一、实施条件

（1）使用电脑安装相应版本的 AE 软件；

（2）准备好相应的素材文件（一梦千年 .psd）。

设置图层的三维
位置关系及动画

二、实施步骤

1. 导入素材创建合成

打开 AE，关闭弹出的欢迎界面，在项目窗口中导入素材（快捷键 Ctrl+I），注意选择以"合成"—"保持图层大小"的方式导入。

2. 整理合成中的图层

双击打开总合成"一梦千年 – 三维层与摄像机"，可以看到合成中各图层顺序如图 3 – 10 – 5 所示。由于在 PS 绘制过程中图层的叠加关系需要通过图层的上下位置来决定，所以归类上稍显混乱，可以先分析它们的类别，然后在制作过程中一步步完成图层的归类。

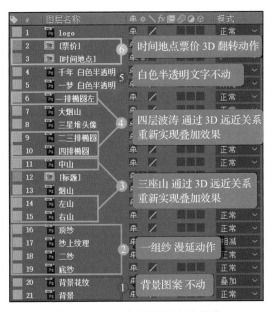

图 3 – 10 – 5 各图层顺序及归类

3. 设置三维层

全选所有图层（快捷键 Ctrl+A），剔除"背景"和"背景花纹"两个图层（按 Ctrl 键并分别单击这两个图层），单击"3D 图层 – 允许在 3 维中操作此图层"图标 ⬡ 下对应的开关，将这些选中的图层设置为三维层。

进入各嵌套合成，将各嵌套合成里的所有图层设置为三维层。

因为后面要添加的摄像机图层只能对三维层起作用，所以在嵌套合成里的图层也都应设置为三维层，否则含二维层的部分，将不随摄像机的运动而产生运动镜头的拍摄效果。后面将讲到的动态海报首尾相接的动画效果，就是利用图层"背景"和图层"背景花纹"是二维层，不受摄像机镜头运动的影响来实现的。

4. 调整三维层的远近关系

调整图层"烟山"的缩放与位置属性值，可参考图3-10-6。添加闭合路径的遮罩，修改蒙版羽化值，并作蒙版路径关键帧，使其从0f到3s由下到上慢慢展现出来。最后，按F9将关键帧做缓动。

图3-10-6　烟山的缩放与位置属性值参考设置

三维层的位置、缩放属性各有三个维度，分别是 X 轴、Y 轴、Z 轴，它们分别对应三维空间中的三个维度。但由二维层转换过来的三维层还是一个平面，它在缩放属性中的 Z 轴维度可为任何值。

打开图层"顶纱"的位置属性，在3s处激活关键帧，记录当前位置信息，然后在0f处将其向右上方移动若干位置。

将3s处设为图层"纱上纹理"的入点，打开该图层的不透明度属性，在3s18f处激活关键帧，记录当前不透明度信息（39%），然后在3s处设置不透明度属性值为0，实现淡入效果。

将3s处设为图层"二纱"的入点，并打开该图层的位置属性，在3s18f处激活关键帧，记录当前位置信息，然后在3s处将其移动到与图层"顶纱"重合的位置。为3s18f处的位置属性关键帧添加缓入效果（快捷键Shift+F9）。打开该图层的不透明度属性，在3s处设置其属性值为0，3s18f处设为100，实现淡入效果。

将3s18f处设为图层"底纱"的入点，并打开该图层的位置属性，在4s12f处激活关键帧，记录当前位置信息，然后在3s18f处将其移动到与图层"二纱"重合的位置。最后，复制图层"二纱"的不透明度属性关键帧，粘贴到图层"底纱"时间线上的3s18f处，实现淡入效果。

选中图层"顶纱""纱上纹理""二纱""底纱"，将这四个图层预合成（快捷键Ctrl+Shift+C），命名为"纱幔"。在总合成"一梦千年–三维层与摄像机"的时间线窗口，将新的图层"纱幔"的三维层开关打开。

思考：为什么这里的图层"顶纱"一开始不需要移出画面外？（学习完摄像机运镜后回答）

答：＿＿＿＿＿＿＿＿＿＿＿＿＿＿＿＿＿＿＿＿＿＿＿＿＿＿＿＿＿＿＿＿＿＿

将图层"左山""右山"移动到图层"中山"下，批量打开三个图层的位置、缩放属性。作参考线框住三个图层，如图 3-10-7 所示。调整三个图层的远近位置，并调整缩放位置属性使该图层外框最终与参考线重合。

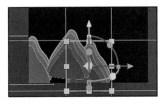

图 3-10-7　根据右山的外框作出的参考线

小贴士

这里不能为了归类而把三座山进行预合成，因为转换为嵌套合成后，摄像机会把三座山看成一个整体，在镜头移动时三座山之间的位置就没办法产生动态的透视效果了。

先关闭图层"一排椭圆左"的三维层开关，选中该图层的位置属性，在 0f 处激活关键帧；在 3s 处，向左移动一个波涛位置，使画面看上去和第 0f 处的一样［参考值：0f（516.5，1289.5）、3s（385.5，1289.5）］。在两个关键帧的中间位置添加关键帧，记录当前值。调整运动路径的控制手柄，使其呈现如图 3-10-8 所示的样子，并为三个关键帧添加缓动效果（F9）。最后，重新开启该图层的三维层开关。

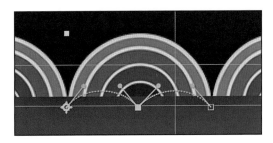

图 3-10-8　"一排波涛"图层的运动路径

图层为"一排椭圆左"的位置属性添加循环表达式 loopOut，使其呈现不停涌动的效果。

作出图层"二三排椭圆""四排椭圆"每一排中第一个波涛上边和左边的参考线。复制三个图层"一排椭圆左"（快捷键 Ctrl+D 按三次）。将图层"一排椭圆左"和新复制的图层分别命名为"一排波涛""二排波涛""三排波涛""四排波涛"。在新建的各图层位置属性的第一个关键帧处，分别将各图层对齐到相应的参考线上。在第二个关键帧处分别将该图层位置属性第一个关键帧的 X 轴值减去波涛的半径 65.5，Y 轴值同该图层位置属性第一个关键帧的 Y 轴值；在第三个关键帧处分别将该图层位置属性第一个关键帧的 X 轴值减去波涛的直径 131，Y 轴值同该图层位置属性第一个关键帧的 Y 轴值。

思考：波涛的半径是怎么得出来的呢？（提示：图层"一排波涛"从第一个关键帧到第三个关键帧，一共移动了一个波涛的位置，即水平移动了一个波涛的直径。）

答：_____

将这四排波涛进行纵深的位置排列，注意每个图层三个关键帧的 Z 轴值要一致，可参考：一排为 -8，二排为 -4，三排为 0，四排为 4。

可在时间线上将各图层向左拖拽若干帧，以使波涛呈现此起彼伏的效果。

删除没有用到的图层"二三排椭圆""四排椭圆"。

选中图层"三星堆头像"，将其位置的 Z 轴值设为 -6，以使其出现在第一排波涛与第二排波涛之间。最后，调整其缩放属性，使其大小合适。

5. 制作三维层的旋转动画

将图层"票价""时间地点"进行预合成，并命名为"票价、时间、地点"，将该预合成图层锚点移动到文字的左侧。开启该图层的三维层开关，打开该图层旋转属性，发现旋转属性已经变成了"方向""X 轴旋转""Y 轴旋转""Z 轴旋转"四个属性。为了使该图层能沿垂直方向进行翻转，可以在 8s15f 处选择"Y 轴旋转"属性，激活关键帧，然后将第 8s 处设置为该图层的入点，并将"Y 轴旋转"属性值往负数调整，可以看到，这些文字沿左侧锚点旋转到后面去了，大约在 -80° 的位置文字成为一条直线，看不见了。预览动画，可以看到文字沿垂直方向旋转出来的动画。

> **选做提高**
>
> 为了使翻转动画更具动感，大家可以尝试做类似弹簧的翻转效果。

6. 制作三维层的位移动画

前面做的几个三维层都是在 XY 平面上做位移动画，在 Z 轴上并没有做位移动画。接下来用图层"logo"做一个由镜头后进入镜头的动画。

选中图层"logo"的位移属性，在 10s 处激活关键帧，记录当前位置，然后将第 8s15f 处设为该图层的入点，并将该图层位置属性设置在画面中间，如图 3 - 10 - 9 所示（参考值：X 轴值为 911/2=455.5；Y 轴值为 1280/2=640；Z 轴值为 -1100），为该关键帧添加缓出效果（快捷键 Ctrl+Shift+F9），调整曲线值，让位移运动越来越快。最后，打开运动模糊开关。

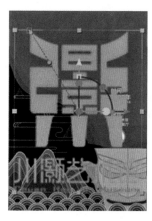

图 3 - 10 - 9　8s15f 处 logo 的位置

> **小贴士**
>
> 我们现在看到 logo 始终出现在画面中，这是因为还没加摄像机图层，所有的图层都将被看到。加了摄像机图层后，画面将根据摄像机的视角展现：图层在摄像机可视范围内的部分可见，在摄像机可视范围外的部分不可见。因此，在纵深方向上，logo 刚开始在摄像机后，慢慢移动到摄像机镜头前，从而呈现出"刚开始看不见—部分看得见—全部看得见"的画面效果。

AE 任务二　丰富画面效果（选做提高）

丰富画面效果

一、实施条件

（1）使用电脑安装相应版本的 AE 软件；

（2）准备好相应的素材文件（一梦千年 .psd）。

二、实施步骤

1. 添加动画预设

选中合成"标题",在 7s 处添加"效果控件"面板中的"动画预设"—"Transitions-Dissolves"—"溶解 – 凝固"。在"溶解 – 凝固"属性组"过渡完成"属性的第二个关键帧处,双击图层进入合成"标题"的时间线。将图层"竖条"的锚点移到竖条的顶端,激活缩放属性关键帧,然后在 9s 左右添加缩放属性的第二个关键帧。回到图层"竖条"缩放属性的第一个关键帧处(8s),将缩放的约束比例 🔗 关掉,设置缩放属性 Y 轴值为 18 左右。最后,为缩放两关键帧添加缓动效果。预览动画,可以看到"千"字的竖划向下延伸了,但它的形状不够柔和。沿图层"竖条"外边缘添加圆角矩形遮罩,并将蒙版羽化属性的约束比例 🔗 关掉,将蒙版羽化的 Y 轴值改为 21 左右。预览动画,可以看到较理想的动画效果。

2. 表达式深化

选中图层"三星堆头像",将第 3s 处设置为该图层入点,并打上位置属性关键帧,然后将其向右移出若干位置;在 15s 处,将该图层向左平移至合适的位置。为该图层的位置属性添加表达式,把表达式关联器 ◉ 拖拽到图层"一排波涛"位置属性的 Y 轴值处,表达式编辑区出现了以下代码:

```
temp = thisComp.layer("1 排波涛 ").transform.position[1];
[temp, temp, temp]
```

修改这段代码为:

```
temp = thisComp.layer("1 排波涛 ").transform.position[1]-1280;
[transform.position[0], 1100+temp*3, transform.position[2]]
```

> **小贴士**
>
> "temp = thisComp.layer("1 排波涛 ").transform.position[1]-1280"这行代码的意思是:图层"一排波涛"的位置属性第二个值,即 Y 轴的值 –1280,赋给临时变量 temp。
>
> "[transform.position[0], 1100+temp*3, transform.position[2]]"最外面的 [ ] 里的值对应的是当前位置属性的三个值。
>
> transform.position 是变换属性组的位置属性,用一个数组来存放值,position 后的 [ ] 里的值从 0 开始编号,所以 transform.position[0] 代表位置属性的 X 轴值,transform.position[1] 代表位置属性的 Y 轴值,transform.position[2] 代表位置属性的 Z 轴值。这行代码的意思是,当前属性值只有第二个值即 Y 轴值用 temp 的值扩大 3 倍 +1100 代替(这里的 1100 大家可根据画面的显示效果做修改,如果三星堆头像太靠下则要把 1100 改小,如果三星堆头像太靠上则要把 1100 改大;3 也可以根据喜好进行修改,值越大 Y 轴的变化越大,上下运动幅度越大),X、Z 轴值还是原来的值。
>
> 蓝色的部分为需要手动修改的部分,其他部分不变;修改的代码符号都要用英文标点符号,否则 AE 会提示表达式错误。

预览动画,可以看到三星堆头像随着波涛涌动。

AE 任务三 设置摄像机的运镜

一、实施条件

（1）使用电脑安装相应版本的 AE 软件；

（2）准备好相应的合成（一梦千年 – 三维层与摄像机）。

二、实施步骤

1. 添加摄像机图层

在总合成"一梦千年 – 三维层与摄像机"时间线上，添加摄像机图层（快捷键 Ctrl+Alt+Shift+C）。默认情况下是标准镜头（50 毫米），大家可根据需要调整里面的参数。

2. 调整视图布局以方便运镜及监视画面效果

在监视窗右下角的"选择视图布局"下拉菜单中选中"2 个视图"，然后单击左边的监视窗，使其呈现四个蓝色边角的激活状态，最后在"3D 视图弹出式菜单"中选择"顶部"。同样操作使右边的监视窗为"活动摄像机"，如图 3 – 10 – 10 所示。

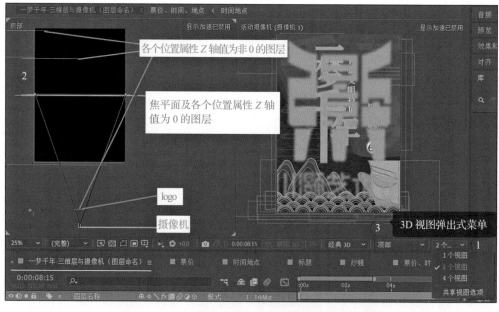

图 3 – 10 – 10　两个视图（顶部视图和摄像机视图）

3. 设置摄像机的运镜

在 8s 处选中摄像机图层的"目标点"和"位置"属性，激活关键帧，记录当前信息。然后在 0f 处，在顶部视图，将摄像机沿 XZ 方向移动到烟山图层背后。

预览动画，发现白色半透明文字在纱幔还没出现前已经进入镜头范围了，需要调整其配合纱幔进入的动画，所以，在 3s 和 4s 处创建图层"千年白色半透明"的不透明度关键帧，并设置 3s 处的不透明属性值为 0，实现淡入效果。

预览动画，发现 logo 出现的位置偏离了画面中心，这是由摄像机镜头运动的位置导致的，我们将通过顶部视图和左侧视图来控制 logo 的位置，以使其出现时在镜头中间。在监视窗右下角的"选择视图布局"下拉菜单中选择"4 个视图"，让下面两个视图分别为左侧视图和顶部视图。在 8s15f 处，选中图层"logo"，在左侧视图拖拽其绿色箭头（Y 轴坐标），在顶部视图拖拽其红色箭头（X 轴坐标），使其运动路径与摄像机的位置关系类似图 3 - 10 - 11 所示。预览动画，logo 的运动效果已经比较理想了。

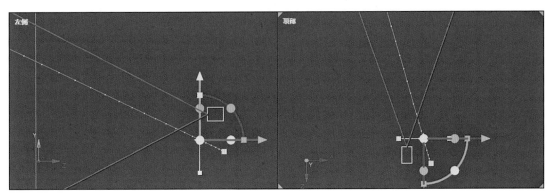

图 3 - 10 - 11　左侧视图和顶部视图中图层"logo"的运动路径与摄像机的位置关系

　　为了看清楚画面总体效果，在摄像机到达全景（8s 处）后再定 3s，即选中摄像机图层，在 11s 处添加"目标点"和"位置"属性的关键帧，不改变其属性值。在 11s 与 15s 之间添加若干"目标点"和"位置"属性的关键帧，通过关键帧的定点，引导观众看清楚海报的重要文字信息。"目标点"和"位置"属性的各关键帧及对应的画面可参考图 3 - 10 - 12。

　　预览动画，对画面中不够完美的地方做最终的微调，以使整个视频动画效果更流畅。设置合成"一梦千年 - 三维层与摄像机"最终的时间长度（建议 15s），并渲染输出为 mp4 格式文件。整理工程，在"文件"下拉菜单的"整理工程（文件）"中选择相应的操作。

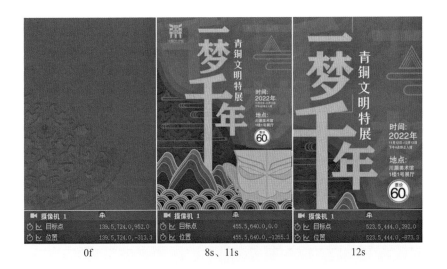

| | | 13s | 14s、14s15f | 15s |

图 3-10-12 "目标点"和"位置"属性的各关键帧及对应的画面

任务评价

三维层与摄像机实训任务考核评价见表 3-10-2。

表 3-10-2 三维层与摄像机实训任务考核评价

考核内容	考核点	分值	评分内容	自评	互评	师评	企业
三维层的基本操作	熟练使用 AE 三维层开关,将二维层设置为三维层	20	不会将二维层转换为三维层 -10,搞不清楚三维层在嵌套合成里外的不同效果 -5,搞不清楚二维层与摄像机的关系 -5;会先理清各图层的关系,规划好后再批量操作 +5				
三维层的使用	灵活使用 AE 三维层的各属性进行动画制作	40	完全搞不清楚三维层新增加的属性 -40;不会使用位置属性进行三个维度的移动 -5;搞不清楚三维层中锚点与位置属性关系及使用 -5;搞不清楚各三维层位置关系对各图层叠加显示效果的影响 -5;搞不清楚旋转各个属性如何使用,每个 -5(共 20 分);搞不清楚图表形状如何调节 -5;做出弹簧的效果 +2,探索"材质选项"属性的使用并做出较好的创意效果 +3,探究了材质属性,做出的创意效果一般 +1				
摄像机的使用	摄像机的设置	10	不会添加摄像机 -10;搞不清楚"摄像机设置"对话框中标准镜头、长焦镜头、广角镜头的设置及它们对画面的影响,每个 -2				
	选择视图布局	5	不会从"选择视图布局"菜单中选择需要的布局方式 -3,不会使用"3D 视图弹出式菜单"切换视图的显示视角 -2				
	能利用各个视图及摄像机移动工具进行摄像机的移动	25	不会移动摄像机 -25;移动摄像机操作不熟练 -10,移动摄像机没法到达想要的效果 -10				

续表

考核内容	考核点	分值	评分内容	自评	互评	师评	企业
选做提高探索精神	完成相应的选做内容	附加分	加分项见各技能点加分，此处不重复				
	动画预设的添加		会添加 +1，会调整动画预设的关键帧使其配合摄像机运动的时间节点，效果良好 +2				
	表达式的深化操作		效果正确 +3，能做表达式的数值变化有自己的思考，且效果良好 +2				
总分							

课后拓展

一、使用三维层与摄像机的常见问题

1. 移动摄像机，图层却没有视觉变化

（1）当出现这种情况时，请检查图层的三维层开关是否已打开。

（2）若是嵌套合成，则检查该嵌套合成是否已打开三维层开关，并进入该嵌套合成，检查在嵌套合成里的各个图层是否也已打开三维层开关。

（3）若是多层嵌套合成，则除了检查该嵌套合成是否已打开三维层开关，还要一级一级进入嵌套合成，检查在各嵌套合成里的各个图层是否也已打开三维开关。

2. 摄像机与二维图层

摄像机只影响三维层在画面中的运镜效果，在添加了摄像机图层以后，如果合成中没有三维层，则会弹出"警告"对话框，如图 3 - 10 - 13 所示。只需将要实现镜头运动效果的图层的三维层开关打开即可解决问题。

由于二维层不受摄像机图层的影响，因而常将这个特性应用于背景图层，这样可以方便地做出循环播放时首尾相接的动画效果。

图 3 - 10 - 13　合成中没有三维层的"警告"对话框

3. 添加了摄像机后一些三维层看不见了

摄像机有一定的可视范围，如图 3 - 10 - 14 所示，在摄像机只显示可视范围内的图层。例如，序号②虽然在摄像机左边，但它不在摄像机的可视范围内；序号③在摄像机的镜头背后，它们都不在摄像机的可视范围内而无法出现在活动摄像机视图，所以无法出现在最终渲染出的影片中。

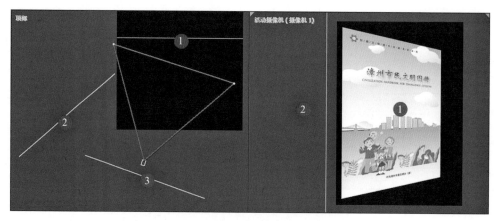

图 3 - 10 - 14　摄像机只显示可视范围内的图层

二、"材质选项"属性

三维层具有"材质选项"属性，如图 3 - 10 - 15 所示，它用于确定三维层与光照和阴影交互的方式。

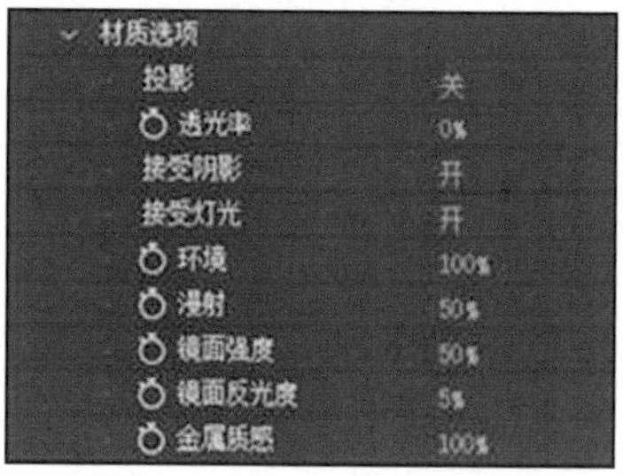

图 3 - 10 - 15　三维层的"材质选项"属性组

1. 投影

投影是指指定图层是否在其他图层上投影。阴影的方向和角度由光源的方向和角度决定。如果只需要图层的投影，而不需要图层被看见，可将"投影"设置为"仅投影"。

2. 透光率

透光率是指将图层的颜色投射在其他图层上作为阴影时，透过图层的光的百分比。0% 指没有光透过图层，从而投射黑色阴影；100% 指将投影图层的全部颜色投影到接受阴影的图层上。

3. 接受阴影

接受阴影指定图层是否显示其他图层在它之上投射的阴影。"接受阴影"中有一个"仅限"选项，使用该选项则在图层上仅渲染阴影。

4. 接受灯光

接受灯光指定到达它的光线是否影响图层的颜色，此设置不影响阴影。

5. 环境

环境是指图层的环境（非定向）反射。100% 指最多的环境反射；0% 指无环境反射。

6. 漫射

漫射是指图层的漫（全向）反射。将漫反射应用于图层就像在它之上放置暗淡的塑料，落在该图层上的光照向四面八方均匀反射。100% 指最多的漫反射；0% 指无漫反射。

7. 镜面强度

镜面强度用于设置图层的镜面（定向）反射。100% 指最多的镜面反射；0% 指无镜面反射。

8. 镜面反光度

镜面反光度是指确定镜面高光的大小。仅当"镜面"值大于零时，此值才处于活动状态。100% 指具有小镜面高光的反射；0% 指具有大镜面高光的反射。

9. 金属质感

金属质感是指图层颜色对镜面高光颜色的影响。100% 指高光颜色是图层的颜色，如"金属质感"值为 100%，则银饰的图像反射白光；0% 指镜面高光的颜色是光源的颜色，如"金属质感"值为 0% 的图层在橙色光照下呈现橙色高光。

三、本项目新增快捷键

新建摄像机（Ctrl + Alt + Shift + C）；

3D 视图的切换：

切换到正面 3D 视图（F10）；

切换到自定义 3D 视图 2（F11）；

切换到活动摄像机 3D 视图 3（F12）；

返回至上一个视图（Esc）。

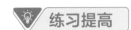

练习提高

1. 选择题

（1）三维层的位置属性具有（　　　）个维度。

A. 1　　　　　　　　B. 2　　　　　　　　C. 3　　　　　　　　D. 4

（2）选中三维层时按 R 键，会展开（　　　）属性。

A."方向"　　　　B."X 轴旋转"　　　　C."Y 轴旋转"　　　　D."Z 轴旋转"

（3）在"选择视图布局"下拉菜单中可以选择（　　　）。

A. 1 个视图　　　　B. 2 个视图　　　　C. 3 个视图　　　　D. 4 个视图

2. 判断题

（1）通过三维层开关将二维层转换为三维层后，该图层将在纵深方向产生一定的厚度。（　　　）

（2）没有添加摄像机图层时所有可视图层都会出现在画面中。（　　　）

（3）三维层的变换属性组里各属性都具有三个维度的值。（　　　）

（4）二维层由于不受摄像机控制，所以在添加了摄像机图层后二维层不可见。（　　　）

3. 操作题

（1）根据样片，使用素材，运用图层五项基本属性、三维层属性及色相、抠像特效、遮罩、人偶工具、图表编辑器和关键帧辅助调节等完成"中国娃娃"视频。

提交要求：提交工程文件、mp4 格式最终效果文件，如有另外处理素材也应一并提交。

（2）根据样片，使用素材，使用三维层属性、抠像特效、遮罩、人偶工具、文字动画预设、摄像机等完成"绿野仙踪"视频。

提交要求：提交工程文件、mp4 格式最终效果文件，如有另外处理素材也应一并提交。

学习笔记

模块四
AE 深化篇

模块四
AE 深化篇

项目十一　插上飞速翅膀
——AE增效工具和扩展功能

使用AE Motion3制作logo MG动画

使用Long Shadows预设制作阴影动画

使用After Codecs插件导出mp4格式视频

项目十二　团队协作优势
——AE与其他软件的配合使用

使用AE与PR动态链接制作动态字幕

使用AE与AU动态链接对声音降噪

项目十一 插上飞速翅膀——AE 增效工具和扩展功能

学习目标

知识目标：了解 AE 增效工具和扩展的概念和应用情景；学会使用 AE Motion3 制作 logo MG 动画；学会使用 Long Shadows 预设制作阴影动画；学会使用 After Codecs 插件导出 mp4 视频格式文件。

能力目标：学会常用脚本、预设与插件的安装和使用方法，提高特效制作效率与效果；探索新建自己的预设的方法。

素质目标：初步具备行业工作素养和研究性学习能力。

情境导入

大三的明明在外实习，实习单位给明明一个制作 MG 动画 logo 的任务，由于时间比较紧迫，明明请教学校实习指导老师，老师建议使用 AE 增效工具和扩展功能。

工作任务

掌握 AE Motion3 脚本制作动画和 After Codecs 导出 mp4 格式文件，熟练使用 Long Shadows 预设制作投影。"logo 动画"的动态效果规划见表 4 - 11 - 1。

表 4 - 11 - 1 "logo 动画"的动态效果规划

素材	动画与使用的图层属性、特效		备注
logo	1. 自动追踪效果获取描边路径，颜色填充白色	2. 结合 Motion3 速度曲线功能制作描边关键帧动画	
logo 粉	1. 颜色填充粉色		调整图层入点
logo 蓝	1. 颜色填充蓝色		调整图层入点
logo 填充蓝	1. 删除描边效果，颜色填充蓝色	2. 结合 Motion3 速度曲线功能制作径向擦除遮罩动画	调整图层入点

续表

素材	动画与使用的图层属性、特效		备注
logo 填充白	1. 颜色填充粉色		调整图层入点
dentistry	1. 结合 Motion3 弹性功能制作不透明变化动画	2. 不透明度（由无到有）	
空对象	1. 结合 Motion3 速度曲线实现缩放效果		空对象由 Motion3 功能创建
动画效果	1. 使用 Long shadows 制作阴影动画	2. 阴影动画	
说明：备注内容为必做内容。			

知识储备

AE 增效工具和扩展功能的基本概念和相关知识

一、AE 增效工具和扩展功能

AE 增效工具和扩展功能是增强 AE 功能的加载项，由第三方开发商提供。使用 AE 提供的接口调用第三方程序对 AE 进行更改，实现 AE 内插件、脚本、预设等功能。

二、AE 预设

预设可记录用户对图层属性进行的更改，能够直接运用于单一图层。在 AE "效果和预设面板"中，也有自带的动画预设（在项目三中有提及）。

我们也可以导入其他预设，通过将后缀名为".ffx"的文件放置在以下文件夹里，然后重启 AE，就能在"效果和预设"面板看到新装的预设了：

（Windows）Program Files\Adobe\Adobe After Effects CC (version)\Support Files\Presets

（Mac）Applications/After Effects (version)\Support Files\Presets

我们也可以新建自己的预设，在做好了一个满意的图层效果后，可选中相应的关键帧和动画效果，选择"动画"下拉菜单的"保存动画预设"，保存为后缀名是".ffx"的文件即可。

三、AE 脚本

脚本是一系列的命令，可以执行一系列使用 AE 内置功能的操作，模拟用户操作过程。大多数 Adobe 应用程序都可以使用脚本来自动执行重复性任务、执行复杂计算，甚至使用一些没有在用户界面直接显露的功能。例如，我们可以通过脚本让 AE 对一个合成中的图层重新排序、查找和替换文本图层中的源文本，或者在渲染完成时发送一封电子邮件。

AE 脚本使用 Adobe ExtendScript 语言，该语言是 JavaScript 的一种扩展形式。ExtendScript 文件具有".jsx"或".jsxbin"文件扩展名。

安装脚本时，将脚本放置在以下文件夹里，然后重启 AE，即可在"窗口"下拉菜单看到新装的脚本：

（Windows）Program Files\Adobe\Adobe After Effects (版本)\Support Files\Scripts\ScriptUI Panels

（Mac）Applications/After Effects (版本)/Scripts/ScriptUI Panels

四、AE 插件

AE 原生的功能有限，那些令人惊艳的效果大多离不开插件的加持。如：Trapcode Suite——红巨星粒子插件套装、Fx Console——特效管理控制工具、Deep glow——高级辉光插件、Lockdown——物体表面跟踪特效合成、Displacer Pro——专业置换贴图映射插件、Saber——特效光效插件、Orb——三维星球特效插件、ELEMENT 3D——三维模型插件、After Codecs——加速渲染编码插件、Animation Composer——MG 动画制作插件等。

AE 插件安装

插件的类型不同，安装方法也不同，主要有两类：

（1）直接打开安装包安装；

（2）需要将插件放置在以下文件夹中，然后重启 AE。

AE 插件介绍

（Win）Program Files\Adobe\Adobe After Effects (版本)\Support Files\Plug-ins

（Mac）Applications/Adobe After Effects (版本)/Plug-ins

任务实施

🖥 任务一 使用 AE Motion3 制作 logo MG 动画

一、实施条件

（1）使用电脑安装相应版本的 AE 软件；

（2）安装 Motion3 脚本；

（3）准备好素材文件（logo.psd）。

二、实施步骤

使用 AE Motion3
制作 logo MG 动画

Motion3
脚本下载

1. 导入素材创建合成

打开 AE，关闭弹出的欢迎界面，在项目窗口中导入素材（快捷键 Ctrl+I），选择" logo.psd"。选择"导入种类"为"合成 - 保持图层大小"，"图层选项"为"合并图层样式到素材"，如图 4 - 11 - 1 所示。修改合成设置（快捷键 Ctrl+K），如图 4 - 11 - 2 所示，持续时间设置为 10 秒。

2. 制作描边动画

双击进入合成，选中图层" logo"，将其预合成（快捷键 Ctrl+Shift+C），在弹出的对话框中，将新合成名称改为" logo"，并选择"将所有属性移动到新合成"，如图 4 - 11 - 3 所示。

首先选中合成" logo"，单击菜单栏"图层"—"自动追踪"，弹出"自动追踪"对话框，如图 4 - 11 - 4 所示，单击"确定"按钮进行添加。然后为合成" logo"填充颜色：选中合成" logo"，单击菜单栏"效果"—"生成"—"填充"，填充白色，如图 4 - 11 - 5 所示。最后为合成添加描边：选中合成" logo"，单击菜单栏"效果"—"生成"—"描边"，"画笔大小"设置为 15，"绘图样式"选择"显示原始图像"，如图 4 - 11 - 6 所示。最后，为描边特效的起始属性添加关键帧，关键帧参数见表 4 - 11 - 2。

图 4 - 11 - 1　导入素材

图 4 - 11 - 2　修改合成设置

图 4 - 11 - 3　将图层"logo"进行预合成

图 4 - 11 - 4　自动追踪

图 4 - 11 - 5 填充颜色

图 4 - 11 - 6 描边参数

表 4 - 11 - 2 描边特效起始属性关键帧设置

属性	关键帧时间与数值 （f 代表帧，s 代表秒）			
起始	0s	100%	1s10f	0%

单击菜单栏"窗口"—"扩展"—"Motion-3-MG"打开"Motion-3-MG"，选中描边特效起始属性的关键帧，单击■，编辑速度图如图 4 - 11 - 7 所示。

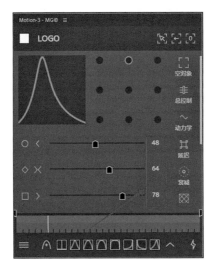

图 4 - 11 - 7 Motion3 编辑速度图

3. 制作多颜色描边动画

复制两个合成"logo"（快捷键 Ctrl+D）并分别命名，合成 2 命名为"logo 蓝"，合成 3 命名为"logo 粉"，如图 4 - 11 - 8 所示。打开合成"logo 粉"的"效果控件"面板，将填充特效的颜色属性设置为粉色（颜色 #FDA6A6）；将合成"logo 蓝"的填充特效的颜色属性设置为深蓝色（颜色 #10253F）。

图 4 - 11 - 8 各合成名称及入点

4. 使用径向擦除制作遮罩动画

复制合成"logo 蓝"得到一个新的合成，命名为"logo 填充蓝"，放置在合成"logo"的上方，将合成"logo 填充蓝"入点拖拽至时间线 1s21f 处，并将"效果控件"面板中的描边效果删除，只留下填充效果，最后添加"效果"—"过渡"—"径向擦除"。设置"径向擦除"的"擦除中心"为（1214，728），设置"擦除"为"逆时针"，如图 4-11-9 所示。选择"径向擦除"效果的"过渡完成"属性的关键帧，单击，编辑速度曲线参数如图 4-11-10 所示。"过渡完成"属性关键帧设置见表 4-11-3。

图 4-11-9 "径向擦除"参数设置

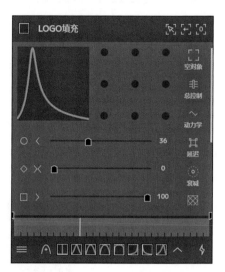

图 4-11-10 Motion3 编辑速度曲线参数设置

表 4-11-3 过渡完成关键帧设置

属性	关键帧时间与数值 （f 代表帧，s 代表秒）	
过渡完成	1s21f　100%	3s　0%

5. 制作径向擦除多颜色遮罩动画

复制合成"logo 填充蓝"，重命名为"logo 填充白"，将合成"logo 填充白"入点拖拽至时间线 2s07f 处，并将其"效果控件"面板中填充效果的填充颜色属性设置为白色。

6. 制作"dentistry"文字动画

制作"dentistry"文字的由下往上淡入的动画，相关属性关键帧设置见表 4-11-4。选中位置属性关键帧，在 Motion3 中单击 添加"弹性"效果，参数设置如图 4-11-11 所示。

表 4-11-4 "dentistry"文字动画相关属性关键帧设置

属性	关键帧时间与数值 （f 代表帧，s 代表秒）	
位置	1s14f　969.5，823	2s02f　969.5，685
不透明度	1s14f　0%	2s02f　100%

图 4 - 11 - 11　Motion 3 "弹性" 效果参数设置

7. 制作 logo 镜头缩放效果

除背景图层外，将时间线中所有图层选中，单击 ![空对象] 创建空对象。缩放属性设置见表 4 - 11 - 5。选中缩放关键帧，单击 ![N]，编辑速度图如图 4 - 11 - 12 所示。最终将时间线中除背景图层外的所有合成和文字层选中，创建预合成，并命名为 "logo 动画"，效果如图 4 - 11 - 13 所示。

表 4 - 11 - 5　缩放关键帧动画设置

属性	关键帧时间与数值（f 代表帧，s 代表秒）	
缩放	1s17f　130%	2s02f　100%

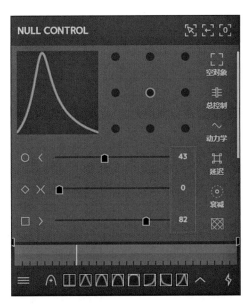

图 4 - 11 - 12　Motion3 缩放关键帧编辑速度图设置

> **小贴士**
>
> Motion3 的功能很多，便于提高工作效率。同学们可以探索 Motion3 的其他功能，制作更多丰富动画。

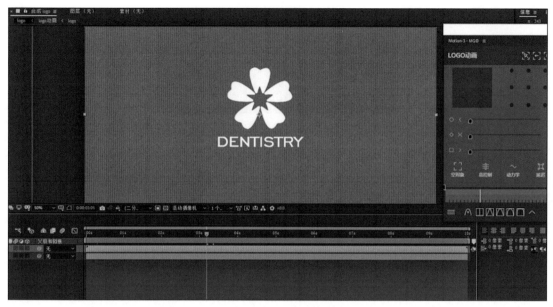

图 4 - 11 - 13　最终效果

AE 任务二　使用 Long Shadows 预设制作阴影动画

一、实施条件

（1）准备好任务一合成"logo 动画"；

（2）安装 Long Shadows 预设。

二、实施步骤

在时间线上，选中合成"logo 动画"，从"效果和预设"面板中将 Long Shadows 添加到合成"logo 动画"，Long Shadows 参数设置如图 4 - 11 - 14 所示。阴影长度（Length）属性的关键帧设置见表 4 - 11 - 6。最终效果如图 4 - 11 - 15 所示。

Long Shadows
预设下载

使用 Long Shadows
预设制作阴影动画

图 4 - 11 - 14　Long Shadows 参数设置

表 4 - 11 - 6　阴影长度关键帧设置

属性	关键帧时间与数值（f 代表帧，s 代表秒）		
Length（长度）	1s11f　520		2s　10

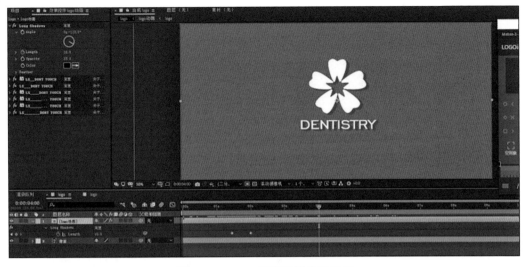

图 4 - 11 - 15　阴影动画最终效果

AE 任务三　使用 After Codecs 插件导出 mp4 格式视频

一、实施条件

（1）准备好合成"logo 动画"；

（2）安装 After Codecs 插件。

二、实施步骤

首先单击菜单栏"合成"—"添加到渲染队列"（快捷键 Ctrl+M），然后在"渲染队列"面板的输出模块单击蓝色的"高品质"，弹出输出模块，在格式里选择"After Codecs.mp4"，如图 4 - 11 - 16 所示。视频大小可在单击"格式选项"后设置，如图 4 - 11 - 17 所示。最终单击"OK"按钮，选择输出位置，进行渲染。

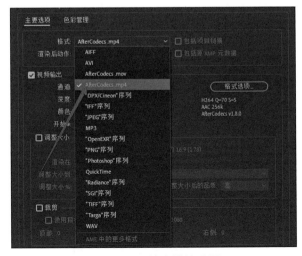

使用 After Codecs
插件导出 MP4
格式视频

After Codecs
插件下载

图 4 - 11 - 16　输出模块设置

图 4 - 11 - 17　After Codecs 参数设置

任务评价

使用 AE 制作 logo MG 动画实训任务考核评价见表 4 - 11 - 7。

表 4 - 11 - 7　使用 AE 制作 logo MG 动画实训任务考核评价

考核内容	考核点	分值	评分内容	自评	互评	师评	企业
AE 脚本、预设和插件安装	安装 Motion3 脚本、安装 Long Shadows 预设、安装 After Codecs 插件	15	不会安装 Motion3 脚本 -5，不会安装 Long Shadows 预设 -5，不会安装 After Codecs 插件 -5				
AE 描边动画制作	熟练制作 AE 描边动画	15	分不清描边与画笔描边 -5，不会描边动画运动曲线控制 -10				
AE 径向擦除使用	径向擦除方向控制	15	不会控制径向擦除中心方向 -15				
AE Motion3 脚本功能使用	编辑速度曲线控制	10	没有正确调整曲线参数 -10				
	弹性动画	10	不会调整"弹性"效果参数 -10				
	空对象	5	空对象没有链接对象 -5				
AE Long Shadows 预设概念和应用	阴影长度动画制作	10	没有设置关键帧 -10				
	阴影不透明度设置	5	没有设置关键帧 -5				
After Codecs 插件渲染输出	After Codecs 插件输出 mp4 格式文件	15	不会使用 After Codecs 插件渲染视频 -15				
探索精神	探索更多的 AE Motion3 脚本功能（文字拆分、父子级、克隆、反弹、暗角）	附加分	掌握文字拆分功能 +2，掌握父子级功能 +2，掌握克隆功能 +2，掌握反弹功能 +2，掌握暗角功能 +2				
总分							

课后拓展

由于 AE 插件、脚本、预设知识更新较快，同学们可实时关注影视后期制作教学和案例分享。

练习提高

1. 填空题

（1）常用的 AE 外置插件分别是＿＿＿、＿＿＿、＿＿＿、＿＿＿、＿＿＿、＿＿＿。

（2）AE 中的三色调插件中的光影分别是＿＿＿、＿＿＿、＿＿＿。

2. 判断题

（1）Long Shadows 是关于阴影的预设。（　　　）

（2）可以通过 After Codecs 插件渲染输出 mp4 格式文件。（　　　）

（3）预设的后缀名是 ".ffx"。（　　　）

（4）AE 所有插件的安装方法都是一样的方式。（　　　）

（5）AE 脚本使用 Adobe ExtendScript 语言，该语言是 JavaScript 的一种扩展形式。ExtendScript 文件具有 ".jsx" 或 ".jsxbin" 文件扩展名。（　　　）

3. 实操题

结合 AE Motion3 脚本的文字拆分、父子级、克隆、反弹、暗角等功能，制作文字动画。

学习笔记

项目十二　团队协作优势——AE与其他软件的配合使用

学习目标

知识目标：掌握 AE 与 PR、AU 等软件动态链接的方法。

能力目标：能使用 AE 与 PR 动态链接制作动态字幕；能使用 AE 与 AU 动态链接降噪处理。

素质目标：培养良好的沟通能力、自我学习能力；能将所学知识技能运用到生活中，积极参与活动展现个人魅力。

情境导入

东东接到妈妈电话，说东东的弟弟晓晓参加《爱我中华》诗歌朗读比赛海选，需要东东帮忙把她拍摄的视频声音优化一下并添加字幕。于是，东东请教了实习单位指导老师，老师提示他可以试着把之前所学的软件配合起来使用。

工作任务

使用 AE 与 PR 动态链接制作动态字幕，使用 AE 与 AU 动态链接对声音降噪。

知识储备

Adobe Bridge

Adobe Bridge 是 Adobe 开发的一个组织工具程序，可以查看、搜索、排序、管理和处理图像文件，还可以创建新文件夹，对文件进行重命名、移动和删除操作，编辑元数据，旋转图像，以及运行批量处理命令，查看从数码相机导入的文件和数据的信息。

任务实施

AE 任务一 使用 AE 与 PR 动态链接制作动态字幕

一、实施条件

（1）使用电脑安装同版本的 AE 与 PR 软件（建议使用大师版）；

（2）安装 Adobe Bridge；

（3）准备好相应的素材文件（诗歌朗诵 .mp4）。

二、实施步骤

1. 将素材导入 PR

打开 PR，双击项目库，选择诗歌朗诵素材导入 PR 项目库，如图 4 - 12 - 1 所示。

使用 AE 与 PR
动态链接制作
动态字幕

图 4 - 12 - 1　将素材导入 PR 项目库

2. 使用 AE 合成替换

在 PR 项目库，选中"诗歌朗诵 .mp4"素材并拉进时间线，右击时间线中的素材，选择"取消链接"，将视频与音频分离，如图 4 - 12 - 2 所示。同时右击选择"使用 After Effects 合成替换"，如图 4 - 12 - 3 所示，AE 会自动打开"另存为"界面，这时需要对合成重命名并保存。最终呈现如图 4 - 12 - 4 所示。

图 4 - 12 - 2　将视频与音频分离

图 4 - 12 - 3　使用 After Effects 合成替换

图 4 - 12 - 4   AE 界面最终呈现

3. 制作字幕

使用 AE 文字工具 T 输入文字"赠汪伦"，使用合适的字体，设置字体大小为 78，间距为 99，字体颜色为黑色，字体描边为白色，字体描边大小为 13（在描边上填充），并将文字对齐居中，最终效果如图 4 - 12 - 5 所示。

图 4 - 12 - 5   文字设置最终效果

4. 制作字幕的动态效果

将文字图层出点设置在 1s26f 处，如图 4 - 12 - 6 所示。

图 4 - 12 - 6   文字图层出点设置

选中文字图层，单击菜单栏"窗口"—"效果和预设"（如图 4 - 12 - 7 所示），单击"效果和预设"面板旁的 ≡，选择"浏览预设"（如图 4 - 12 - 8 所示），最终界面显示如图 4 - 12 - 9 所示。在 Bridge 界面里面双击打开"Text"文件夹—"3D Text"文件夹。

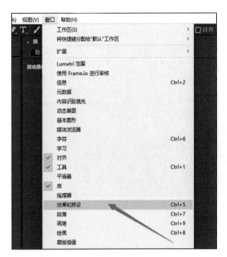

图 4-12-7 效果与预设窗口

图 4-12-8 浏览预设

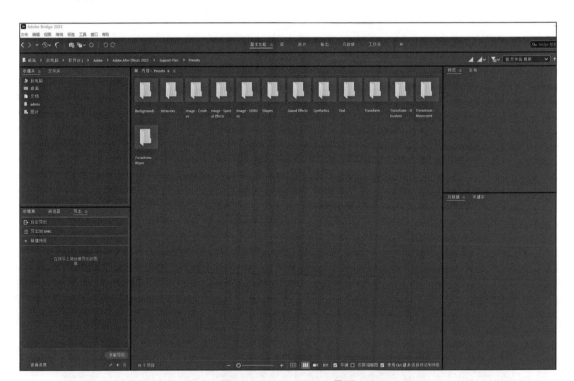

图 4-12-9 Bridge 界面

通过单击"3D Text"文件夹中的文件可以预览文字动画预设效果，如图4-12-10所示。选择"3D Basic Position"，右击选择"Place In Adobe After Effetcs"，效果如图4-12-11所示。选中文字图层，调整文字动画入点和出点，如图4-12-12所示。

5. 动态添加字幕

将文字图层进行复制（快捷键Ctrl+D）。根据音频更换文字内容，并调整文字动画的出点和入点，如图4-12-13所示。继续添加字幕，文字图层最终排列效果如图4-12-14所示。

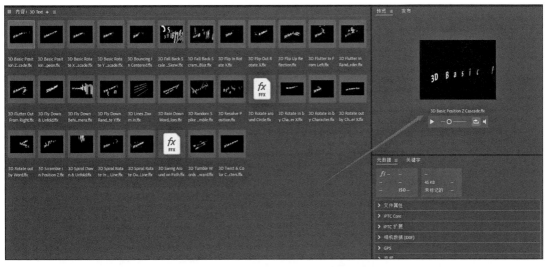

图 4 - 12 - 10　3D Text 文字动画预设效果预览

图 4 - 12 - 11　文字动画预设效果

图 4 - 12 - 12　调整文字动画入点和出点

图 4 - 12 - 13　复制文字图层，调整效果

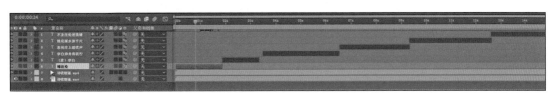

图 4 - 12 - 14　文字图层最终排列效果

6. AE 与 PR 同步

此时返回 PR，AE 制作的文字动态效果已在 PR 界面中显示，如图 4 - 12 - 15 所示。

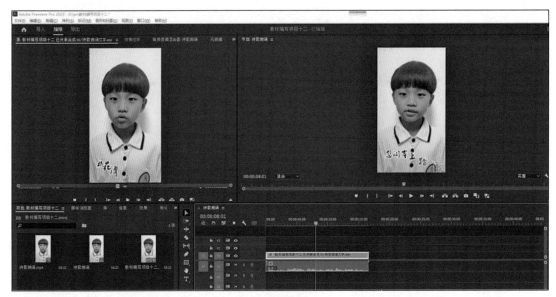

图 4 - 12 - 15　PR 界面显示 AE 制作的文字动态效果

AE 任务二　使用 AE 与 AU 动态链接对声音降噪

使用 AE 与 AU 动态
链接对声音降噪

一、实施条件

使用电脑安装同版本的 AE 与 AU 软件（建议使用大师版）。

二、实施步骤

1. 将 AE 音频链接到 AU

在 AE 时间线中选择声音文件，单击选择菜单栏"编辑"—"在 Adobe Auction 中编辑"，如图 4 - 12 - 16 所示，链接成功后 AU 软件会自动打开。

2. 使用 AU 对音频进行降噪

在 AU 中单击选择菜单栏"效果"—"降噪 / 恢复"—"降噪（处理）"，如图 4 - 12 - 17 所示。使用鼠标左键将 AU 时间线中音频噪声部分框选中，再单击"效果 - 降噪"面板中的"捕捉噪声样本"，如图 4 - 12 - 18 所示。将"降噪"设置为 80%，"降噪幅度"设置为 16dB，如图 4 - 12 - 19 所示。参数设置完成后单击"选择完整文件"，如图 4 - 12 - 20 所示。最终单击"应用"，在弹出的新对话框中单击"确定"，音频文件会保存在工程文件里面。

3. 将 AU 生成的音频文件导入 AE

将 AU 生成的音频文件重新导入 AE 时间线，并替换 AE 时间线上的"诗歌朗诵 .wav"图层，之前 AE 时间线中的音频文件可以删除，如图 4 - 12 - 21 所示。最后在 AE 中选择导出为 PR 项目或者导出视频。

图 4 - 12 - 16　将 AE 音频链接到 AU

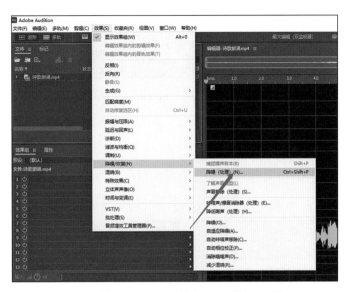

图 4 - 12 - 17　选择"降噪（处理）"

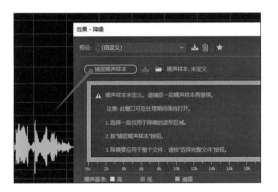

图 4 - 12 - 18　捕捉噪声样本

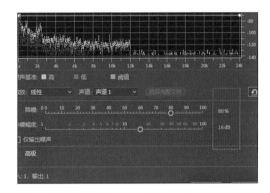

图 4 - 12 - 19　"效果－降噪"参数设置

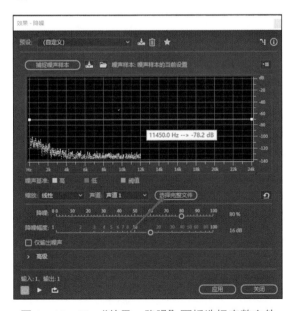

图 4 - 12 - 20　"效果－降噪"面板选择完整文件

图 4 - 12 - 21　将 AU 生成的音频文件重新导入 AE

任务评价

AE 与其他软件配合使用实训任务考核评价见表 4 - 12 - 1。

表 4 - 12 - 1　AE 与其他软件配合使用实训任务考核评价

考核内容	考核点	分值	评分内容	自评	互评	师评	企业
AE 与 PR 动态链接	熟练使用 AE 与 PR 链接	15	不会使用 AE 与 PR 链接 –15				
使用 Adobe Bridge	使用 Adobe Bridge 浏览预设动画	10	不会使用 Adobe Bridge –10				
使用 AE 文字动画预设制作文字动态效果	文字字体、大小、颜色、描边、文字间距设置	10	没做，每项 –2				
	文字时间线入点与出点设置	10	不会调整出点和入点，每项 –5				
	文字预设动画入点与出点关键帧设置	10	出点和入点没有对接好 –10				
AE 与 AU 链接	熟练使用 AE 与 AU 链接	15	不会使用 AE 与 AU 链接 –15				
使用 AU 对音频进行降噪	熟练使用 AU 进行音频降噪处理	20	不会使用 AU 进行音频降噪处理 –20				
将 AU 处理完的音频导入 AE	将 AU 处理完的音频熟练导入 AE	10	AU 处理完的音频不会导入 AE–10				
总分							

课后拓展

AE 与 C4D 之间的互相导入

AE 除了可以和 PR、AU 链接，还可以与 C4D 互相导入。用户可以先在 C4D 中创建 3D 模型和动画，然后将其导入 AE 进行后期制作。此外，用户还可以先在 AE 中创建视觉效果和动态图形，然后将其导入 C4D 进行 3D 合成和渲染。

在 C4D 中，用户可以使用 "Cinema 4D Exchange" 插件将 C4D 场景直接导入 AE。此外，用户还可以将 C4D 中的 3D 模型导出为 OBJ、FBX、3DS 等格式，然后在 AE 中导入这些模型。在 AE 中，用户可以使用各种插件和效果对 C4D 模型进行后期处理，如光效、特效、颜色校正等。

在 AE 中，用户可以使用 "Element 3D" 插件将 3D 模型直接导入，并与 2D 图形进行合成。此外，用户还可以将 AE 中创建的 2D 图形导出为 SVG 格式，然后在 C4D 中导入这些图形。在 C4D 中，用户可以使用各种工具对 SVG 图形进行 3D 转换和渲染。

练习提高

1. 选择题

（1）AE 和（　　　）链接可以进行声音处理。

A. PS　　　　　　　B. PR　　　　　　　C. AI　　　　　　　D. AU

（2）（　　　）可以与 AE 进行动态链接。

A. word　　　　　　B. PR　　　　　　　C. PS　　　　　　　D. AI

2. 判断题

（1）AE 与 PR 不同版本可以进行链接。（　　　）

（2）AE 与 AU 可以动态链接。（　　　）

（3）可以使用 AE 制作动画，并链接到 PR。（　　　）

（4）AE 可以链接到 PR 进行剪辑和文件渲染输出。（　　　）

（5）AE 跟任何软件都可以进行链接。（　　　）

3. 实操题

结合 AE 和 PR、AU 动态链接相关知识制作歌曲动态字幕。

学习笔记

参考文献

［1］ 曹陆军，史会全. After Effects 影视后期合成实例教程［M］. 哈尔滨：哈尔滨工程大学出版社，2019.

［2］ 毕康锐. UI 动效大爆炸：After Effects 移动 UI 动效制作学习手册［M］. 北京：人民邮电出版社，2018.

［3］ 张晨起. After Effects CC 移动网站 UI 交互动效设计全程揭秘［M］. 北京：清华大学出版社，2019.

［4］ 水晶石教育. After Effects 影视后期合成［M］. 北京：高等教育出版社，2016.

［5］ 孙晗，彭志军，潘登. After Effects CC 影视后期制作技术教程［M］. 3 版. 北京：清华大学出版社，2022.

［6］ 伍福军，张巧玲，骆文杰. After Effects CC 2019 影视动画后期合成案例教程［M］. 3 版. 北京：北京大学出版社，2021.

附录一　选学案例

学生可以根据自己的发展方向进行学习，教师也可以自主选取案例对课程内容进行补充。

1. UI 特效制作案例

掌握的知识与能力：打字机效果、嵌套合成、遮罩、颜色校正、图层五个基本属性等。

考查学生对工程素材与合成的整理能力。

UI 特效制作案例

2. 电影预告片案例

掌握的知识与能力：遮罩、文字特效、图层蒙版、图层叠加、运动模糊、嵌套合成、图层五个基本属性等。

考查学生对动效归类及批量操作的能力。

3. 公益广告片案例

掌握的知识与能力：遮罩、图层叠加、抠像、固态层、图层五个基本属性等。

考查学生批量操作的能力。

公益广告片
制作案例

附录二　学长学姐有话说

本模块为学长学姐参加比赛的案例，学生可以根据自己的兴趣观看学习。

学姐说——职业技能大赛
获奖案例及心得

学长说——大广节学院奖
获奖案例及心得

学长学姐说——大广赛
获奖案例及心得

图书在版编目（CIP）数据

After Effects 特效制作 / 许艳凰，黄晨，赵艳主编
. -- 北京：中国人民大学出版社，2024.4
新编 21 世纪高等职业教育精品教材. 电子与信息类
ISBN 978-7-300-32522-4

Ⅰ. ① A… Ⅱ. ①许… ②黄… ③赵… Ⅲ. ①图像处
理软件－高等职业教育－教材 Ⅳ. ① TP391.413

中国国家版本馆 CIP 数据核字（2024）第 030495 号

"十四五"新工科应用型教材建设项目成果
新编 21 世纪高等职业教育精品教材·电子与信息类
After Effects 特效制作
主　编　许艳凰　黄　晨　赵　艳
After Effects Texiao Zhizuo

出版发行	中国人民大学出版社			
社　　址	北京中关村大街 31 号		**邮政编码**	100080
电　　话	010 - 62511242（总编室）		010 - 62511770（质管部）	
	010 - 82501766（邮购部）		010 - 62514148（门市部）	
	010 - 62515195（发行公司）		010 - 62515275（盗版举报）	
网　　址	http://www.crup.com.cn			
经　　销	新华书店			
印　　刷	中煤（北京）印务有限公司			
开　　本	787 mm×1092 mm　1/16		**版　　次**	2024 年 4 月第 1 版
印　　张	13		**印　　次**	2024 年 4 月第 1 次印刷
字　　数	308 000		**定　　价**	55.00 元